Lt-Colonel LAMOUCHE

FOSSILES CARACTÉRISTIQUES

Préface de M. Ch. BARROIS

Membre de l'Institut

Professeur de Géologie à la Faculté des Sciences de Lille

TROISIÈME FASCICULE

Terrains de l'ère secondaire

(Jurassique moyen et supérieur)

41 planches, 439 figures, 172 espèces

PARIS

LIBRAIRIE SCIENTIFIQUE J. HERMANN

6, RUE DE LA SORBONNE, 6

1926

FOSSILES CARACTÉRISTIQUES

Ère secondaire

Lt-Colonel LAMOUCHE

FOSSILES CARACTÉRISTIQUES

Préface de M. Ch. BARROIS

Membre de l'Institut
Professeur de Géologie à la Faculté des Sciences de Lille

TROISIÈME FASCICULE

Terrains de l'ère secondaire

(Jurassique moyen et supérieur)

41 planches, 439 figures, 172 espèces

PARIS
LIBRAIRIE SCIENTIFIQUE J. HERMANN
6, RUE DE LA SORBONNE, 6
1926

FOSSILES CARACTÉRISTIQUES

Explication des 41 planches
du troisième fascicule
renfermant 172 espèces des terrains ci-après :

Portlandien.

Kiméridgien.

Lusitanien.

Oxfordien.

Callovien.

Bathonien.

Bajocien.

———

1° Chaque fossile est reproduit en grandeur naturelle, sauf indication de réduction ou de grossissement mise en abrégé à côté de la figure.

2° Les fossiles sont groupés par séries dont chacune porte un numéro d'ordre et correspond à une des grandes divisions de la stratigraphie.

3° Chaque espèce porte deux numéros séparés par un point. Le petit numéro, celui de droite, est celui de la série, donc de l'étage. Le numéro en caractères plus gros, celui de gauche, est le numéro d'ordre du fossile dans la série.

Cette notation a été adoptée pour rendre l'album indéfiniment perfectible puisque chaque série est illimitée.

24 — BAJOCIEN

1.₂₁. — *Witchellia læviuscula* (SOWERBY). Sowerby, The Mineral Conchology of Great Britain, London 1825, vol. V, pl. 451, fig. 1, gr. nat.

2.₂₁. — *Sonninia Sowerbyi* (MILLER). Sowerby, The Mineral Conchology, London 1821, vol. III, pl. 213, gr. nat.

3.₂₄. — *Pleurotomaria ornata* DESLONGCHAMPS. Coquille gr. nat. vue de profil. D'Orbigny, Paléontologie française, terrains jurassiques, Gastéropodes, vol. II, Paris 1850, pl. 366, fig. 1.

4.₂₄. — *Astarte obliqua* (LAMARCK). — *a)* Valve gauche, gr. nat., vue intérieure. *b)* Valve droite d'un autre individu moins arrondi. — *c)* Vue du côté dorsal pour montrer le bombement des valves. — *d)* Surface externe de la valve droite. Bayle, Explic. Carte géol. France, Paris 1878, pl. CV. V.d. et V.g. Schéma de Valve droite et Valve gauche de *Astarte modiolaris* DESHAYES. H. Douvillé, Classification des Lamellibranches, Bull. Soc. géol. Fr. 4ᵉ série, t. XII, 1912, fasc. 7, p. 449, fig. 34.

5.₂₄. — *Emileia (Sphæroceras) Sauzei* (D'ORBIGNY). Individu gr. nat. ; suture grossie 4 fois. D'Orbigny, Paléontologie française, terrains jurassiques, t. I, Paris 1842, p. 407, pl. 139.

6.₂₄. — *Stepheoceras Humphriesianum* (SOWERBY). Type specimens of inferior Oolite Ammonites in the Sowerby collection. Palæontographical Society, London 1908, pl. VII, fig. 1a et 1b.

7.₂₄. — *Sonninia corrugata* (SOWERBY). Sowerby, The Mineral Conchology, London 1825, vol. V, pl. 451, fig. 3.

8.₂₄. — Dent d'*Hybodus polyprion* AGASSIZ. Karl A. von Zittel, Grundzüge der Palæontologie, München und Leipzig 1895, p. 535, fig. 1433 c.

9.₂₄. — *Lima heteromorpha* DESLONGCHAMPS (= *Lima Hersilia* D'ORBIGNY). — *a)* 2/3 gr. nat. — *b)* Portion de la surface du même échantillon grossie 3 fois. M. Boule, Annales de Paléontologie, t. IV, fasc. 1, 1909 ; types du Prodrome, pl. XIX.

10.₂₄. — *Pleurotomaria conoidea* DESHAYES. — *a)* Gr. nat. — *b)* Le même, vu en dessous. D'Orbigny, Paléontologie française, terrains jurassiques, Gastéropodes, vol. II, Paris 1850, pl. 382.

11.₂₄. — *Pleurotomaria granulata* DESLONGCHAMPS. — *a)* Coquille gr. nat. vue du côté de l'ombilic. — *b)* La même, vue du côté de la spire. — *c)* La même, vue de profil.

12.₂₄. — *Lima (ctenostreon) proboscidea* SOWERBY. Goldfuss, Petrefacta Germaniæ, Leipzig 1863, pl. CIII, fig. 2a, 1/2 gr. nat.

13.₂₄. — *Witchellia Romani* (OPPEL). Oppel, Palæontologische Mittheilungen, Stuttgart 1862, pl. 46, fig. 2a et 2b, gr. nat.

14.₂₄. — *Stepheoceras subcoronatum* (OPPEL). Oppel, Die Juraformation, Stuttgart 1858, p. 376, n° 32, in Quenstedt, Atlas zu den Cephalopoden, *A. subcoronatus oolithicus*, pl. 14, fig. 4 a b.

15.₂₄. — *Stepheoceras Blagdeni* (SOWERBY). D'Orbigny, Paléontologie française, terrains jurassiques, Céphalopodes, Paris 1842, pl. 132, gr. nat. Suture grossie 2 fois.

16.₂₄. — *Isastræa heliantoides* (Goldfuss). Goldfuss, Petrefacta Germaniæ, Dusseldorf 1826-1833, pl. XXII, fig. 4a et 4b. — *a)* Exemplaire avec surface intacte, gr. nat. — *b)* Un autre dont la surface est altérée, gr. nat. *Isastræa Bernardina* d'Orbigny est une espèce voisine mais ayant les cellules plus grandes et plus irrégulières.

17.₂₄. — *Collyrites ringens* des Moulins. — *a)* Face supérieure. — *b)* Face inférieure. — *c)* Face postérieure. — *d)* Appareil apical et ambulacre grossis. Cotteau, Paléontologie française, terrains jurassiques, Échinides irréguliers, Paris 1867-1874, t. IX, p. 41, pl. 6, fig. 2, 3, 4 et 5.

18.₂₄. — *Pleuromya jurassi* (Al. Brongniart). — *a) b) c)* Individu gr. nat. — *d)* Portion de surface du test grossie. Agassiz, Etudes critiques sur les Mollusques fossiles, Monographie des Myes, Neuchâtel 1842-1845, pl. 30, fig. 6, 7, 8 et 10. — *e)* Schéma de la charnière de *Pleuromya Voltzi* Agassiz (Séquanien). H. Douvillé, Classification des Lamellibranches, Bull. Soc. géol. France, 4e série, t. XII, 1912, fasc. 7, p. 465, fig. 68.

19.₂₄. — *Megateuthis gigantea* (Schlotheim). Individu de grandeur naturelle, vu de côté. On a enlevé un fragment de la partie supérieure du rostre, pour montrer le cône chambré. Le cône chambré a conservé quelques portions de son test, et l'on distingue les cloisons. La pointe est détruite mais on voit la première loge sphérique. Cet individu ne présente que la première phase de son développement. Bayle, Explic. Carte géolog. de Fr., Paris 1878, pl. XXV, fig. 3.

20.₂₄. — *Morphoceras pseudoanceps* (Ebray). Individu vu de profil et par la bouche; schéma de l'ouverture. Le Bigot, Notice sur les travaux scientifiques de Henri Douvillé, Lille, 1903, p. 28, fig 1, 3 et 4

21.₂₄. — *Oppelia subradiata* (Sowerby). Individu de taille moyenne dont le test bien conservé montre les côtes flexueuses qui s'arrêtent à la carène ventrale. Bayle, Explic. Carte géolog. de Fr., Paris 1878, pl. XC, fig. 2.

22.₂₄. — *Rhynchonella plicatella* (Sowerby). Davidson, British Fossil Brachiopoda, Palæontographical Society, London 1874-1882, pl. XVI, fig. 7, 7a et 7b.

23.₂₄. — *Parkinsonia Parkinsoni* (Sowerby). Individu dont le test admirablement conservé montre les épines qui naissent au point de bifurcation des côtes. Bayle, Explic. Carte géolog. de Fr., Paris 1878, pl. LXVII, fig. 2.

24.₂₄. — *Terebratula sphæroidalis* (Sowerby). Deslongchamps, Paléontologie française, terrains jurassiques, brachiopodes, Paris 1862, pl. 82, fig. 1a et 1c.

25.₂₄. — *Belemnopsis unicanaliculata* (Hartmann). — *a)* Rostre d'un individu de la plus grande taille connue, vu du côté ventral. Le canal, dans cette espèce, s'étend jusqu'à la pointe. — *b)* Rostre d'un individu de taille moyenne, vu du côté ventral. Bayle, Explic. Carte géolog. de Fr., Paris 1878, pl. XXX, fig. 2 et 5.

26.₂₄. — *Cadomites linguiferus* (ᴅ'Oʀʙɪɢɴʏ). Individu gr. nat.; suture grossie
3 fois, d'Orbigny, Paléontologie française. terrains jurassiques,
t. I, Paris 1842, p. 402, pl. 136, fig. 1, 2 et 3.

27.₂₄. — *Terebratula Phillipsi* (Mᴏʀʀɪs). Deslongchamps, Paléontologie française, terrains jurassiques, brachiopodes, Paris 1862, pl. 69,
fig. 1a et 1c, gr. nat.

28.₂₄. — *Trigonia costata* Pᴀʀᴋɪɴsᴏɴ, Sᴏᴡᴇʀʙʏ. — *a)* Valve droite, de la coll.
Deslongchamps. — *b)* La même, vue par la face postérieure, gr.
nat. Bigot, Mémoire sur les Trigonies, Mém. de la Soc. linn. de
Normandie, vol. XVII, 2ᵉ et 3ᵉ fasc. Caen 1893, pl. VIII, fig. 1
et 1a.

29.₂₄. — *Cosmoceras Garantianum* (ᴅ'Oʀʙɪɢɴʏ). — *a)* Individu gr. nat. avec sa
bouche complète. — *b)* Le même, vu par la bouche. — *c)* Suture
grossie 2 fois. — *d)* Individu jeune. D'Orbigny, Paléontologie
française, terrains jurassiques, t. I, Paris 1842, p. 377, pl. 123,
fig. 1 à 5.

30.₂₄. — *Phylloceras viator* (ᴅ'Oʀʙɪɢɴʏ). — *a)* Moule d'un individu adulte dont
l'ombilic est masqué par la gangue. — *b)* Autre individu légère-
ment comprimé, dont les côtes sont moins accusées que dans
l'exemplaire précédent. L'ombilic, très étroit, est visible. Bayle,
Expl. Carte géolog. de Fr., Paris 1878, pl. XLIII, fig. 3 et 4.

31.₂₄. — *Posidonomya alpina* A. Gʀᴀs. Albin Gras, Catalogue des corps organi-
sés fossiles qui se rencontrent dans le département de l'Isère,
Grenoble 1852, pl. 1, fig. 1.

32.₂₄. — *Belemnopsis sulcata* (Mɪʟʟᴇʀ). Rostre d'un individu de la plus grande
taille connue, de forme allongée, vu du côté ventral. Bayle, Explic.
Carte géolog. de Fr., Paris 1878, pl. XXX, fig. 3.

33.₂₄. — *Stomechinus bigranularis* (Lᴀᴍᴀʀᴄᴋ). — *a)* Individu vu de côté. —
b) Face inférieure. — *c)* Face supérieure. — *d)* Appareil apical
grossi. Cotteau, Paléontologie française, terrains jurassiques,
Échinides réguliers, t. X, 2ᵉ partie, Paris 1880-1885, p. 679,
pl. 446, fig. 1, 2, 3 et 6.

25 — BATHONIEN

1.₂₅. — *Holectypus depressus* (LESKE) DESOR. — *a)* Vu de côté. — *b)* Face supérieure. — *c)* Face inférieure. Cotteau, Paléontologie française, terrains jurassiques, Echinides irréguliers, t. IX, Paris 1867-1874, p. 413, pl. 103, fig. 8, 9 et 10.

2.₂₅. — *Acanthothyris (Rhynchonella) spinosa* (SCHLOTHEIM). Individu vu de profil et par la valve dorsale ; becs de deux spécimens, agrandis, montrant le foramen et le deltidium. Davidson, British Fossil Brachiopoda, Palæontographical Society, London 1874-1882, vol. IV, pl. 15, fig. 17, 18, 19 et 19 a.

3.₂₅. — *Lytoceras tripartitum* (RASPAIL). Individu gr. nat. ; suture grossie. D'Orbigny, Paléontologie française, terrains jurassiques, t. I, Paris 1842, p. 496, pl. 197, fig. 1, 2 et 3.

4.₂₅. — *Oppelia fusca* (QUENSTEDT). — *a)* Individu vu de profil et par la bouche. *b)* Autre exemplaire de la même espèce, montrant la suture. Quenstedt, Die Ammoniten des schwäbischen Jura, Band II, Der braune Jura, Stuttgart 1886-1887, atlas, pl. 75, fig. 1.

5.₂₅. — *Asteracanthus ornatissimus* AGASSIZ (= *Strophodus reticulatus* AGASSIZ). Dent recueillie dans l'assise à Ostrea Sowerby de Marquise (P. de C). Echantillon gr. nat. de la Collect. de la Fac. des Sc. de Lille.

6.₂₅. — *Exogyra (Ostrea) Sowerbyi* (MORRIS). Morris and Lycett, A Monograph of the Mollusca from the great oolite, 2ᵉ part. Bivalves, Palæontographical Society, London 1853, p. 4, pl. I, fig. 3 et 3 a.

7.₂₅. — *Exogyra (Ostrea) acuminata* (SOWERBY). Sowerby, The Mineral Conchology, London, 1818, vol. II, pl. 135, fig. 2.

8.₂₅. — *Eudesia (Terebratula) flabellum* (DEFRANCE). Davidson, British Fossil Brachiopoda, Palæontographical Society, London 1874-1882, vol. IV, p. 142, pl. XII, fig. 19, 20 et 21. — *a)* Individu gr. nat. (Quatre aspects du même grossi).

9.₂₅ — *Rhynchonella obsoleta* (SOWERBY). Davidson, British Fossil Brachiopoda, Palæontographical Society, London 1874-1882, vol. IV, p. 207, pl. XVII, fig. 1, 1 a et 1 b.

10.₂₅. — *Homomya gibbosa* AGASSIZ. Agassiz, Etudes critiques sur les Mollusques fossiles ; monographie des Myes, Neuchâtel 1842-1843, pl. 18, fig. 1 et 2.

11.₂₅. — *Belemnopsis Bessina* (D'ORBIGNY). Rostre d'un individu adulte, vu du côté ventral, et présentant son canal ventral qui s'élargit et disparaît vers la pointe. Bayle, Explic. Carte géolog. de Fr., Paris 1878, pl. XXX, fig. 1.

$12._{25}$. — *Rhynchonella concinna* (Sowerby). Davidson, British Fossil Brachiopoda, Palæontographical Society, London 1874-1882, vol. IV, p. 205, pl. XVII, fig. 6, 6 a et 6 b.

$13._{25}$. — *Perisphinctes arbustigerus* (d'Orbigny) (= *Zigzagoceras zigzagarbustigerum*). Individu gr. nat. et suture grossie deux fois. D'Orbigny, Paléontologie française, terrains jurassiques, t. I, Paris 1842, p. 414, pl. 143, fig. 1, 2 et 3.

$14._{25}$. — *Clypeus Ploti* Klein (= *Clypeus patella*). — a) Vu de côté. — b) Face intérieure. — c) Face supérieure. Cotteau, Paléontologie française, terrains jurassiques, Echinides irréguliers, t. IX, Paris 1867-1874, p. 191, pl. 51 et 52.

$15._{25}$. — *Collyrites analis* des Moulins — a) Face supérieure. — b) Face inférieure. — c) Face postérieure. Cotteau, Paléontologie française, terrains jurassiques, Echinides irréguliers, tome IX, Paris 1867-1874, p. 53, pl. 8, fig. 6, 7, 8 et 9.

$16._{25}$. — *Alectryonia costata* (Sowerby). Sowerby, The Mineral Conchology, London 1825, vol. V, pl. 488, fig. 3.

$17._{25}$. — *Lucina bellona* d'Orbigny (= *Lucina lyrata* d'Archiac non Phillips). Morris and Lycett, A Monograph of the Mollusca from the great oolite, 1853, pl. 6, fig. 18 et 18 a.

$18._{25}$. — *Cardium pes bovis* d'Archiac. D'Archiac, Description géologique du département de l'Aisne ; Mém. Soc. géol. Fr., série I, t. V, 1843, pl. XXVII, fig. 2 et 2 a.

$19._{25}$. — *Rhynchonella elegantula* (Boucher). Eug. Deslongchamps, Etudes critiques sur des brachiopodes nouveaux ou peu connus. Bull. Soc. linn. Normandie, t. 8, 1862-1863, p. 261, pl. X, fig. 7 a et 7 b.

$20._{25}$. — *Terebratula biplicata* Sowerby. Bronn und Rœmer, Lethæa geognostica, 3e édition, pl. 18, fig. 11 a, c, d.

$21._{25}$. — *Nucleolites (Echinobrissus) clunicularis* (Llhwyd). Cotteau, Paléontologie française, terrains jurassiques, Echinides irréguliers, t. IX, Paris 1867-1874, p. 244, pl. 67, fig. 1, 2, 3 et 4. — a) Type de l'espèce, vu de côté. — b) Face supérieure. — c) Face inférieure. — d) Péristome et partie inférieure des aires ambulacraires grossis.

$22._{25}$. — *Nucleolites (Echinobrissus) amplus* (Agassiz). — a) Vu de côté. — b) Face supérieure. — c) Face inférieure. — d) Appareil apical et partie supérieure de l'aire ambulacraire grossis. Cotteau, Paléontologie française, terrains jurassiques, Echinides irréguliers, t. IX, Paris 1867-1874, p. 255, pl. 68, fig. 6, 7, 8 et 9.

$23._{25}$. — *Nucleolites (Echinobrissus) Renggeri* (Desor). — a) Face supérieure. — b) Face inférieure. — c) Région anale. — d) Vu de côté. E. Desor et P. de Loriol, Echinologie helvétique, Description des oursins fossiles de la Suisse, Echinides de la période jurassique, atlas, pl. 49, fig. 6.

24 .₂₅. — *Hyboclypeus gibberulus* Agassiz. — *a)* Région anale. — *b)* Vu de côté. — *c)* Face inférieure. — *d)* Face supérieure. — *e)* Appareil apical et sommet ambulacraire grossis. Cotteau, Paléontologie française, terrains jurassiques, Echinides irréguliers, t. IX, Paris 1867-1874, p. 365, pl. 92, fig. 2, 4, 5, 6 et 7.

25 .₂₅. — *Dictyothyris coarctata* (Parkinson). — *f)* Fragment agrandi montrant la surface épineuse. Davidson, British Fossil Brachiopoda, Palæontographical Society, London 1874-1882, pl. XIII, fig. 12, 13 et 14.

26 .₂₅. — *Rhynchonella decorata* Schlotheim. Bronn et Rœmer. Lethæa geognostica, atlas, Stuttgart 1850-1856, pl. XXX, fig. 12.

27 .₂₅. — *Rhynchonella major* (Sowerby). E. Deslongchamps, Note sur le Callovien des environs d'Argentan et de divers points du Calvados. Bull. Soc. lin. de Normandie, t. IV, 1858, pl. 4, fig. 1.

28 .₂₅. — *Zeilleria (Terebratula) digona* (Sowerby). Davidson, British Fossil Brachiopoda, Palæontographical Society, London 1874-1882, pl. V, fig. 18 et 20.

29 .₂₅. — *Anabacia (Fungia) orbulites* (Lamouroux). — *a)* Partie supérieure. — *b)* Partie inférieure. — *c)* Fragment grossi. — *d)* Profil. Hardouin Michelin, Iconographie zoophytologique, Paris 1840 à 1847, p. 221, pl. 54, fig. 1.

30 .₂₅. — *Apiocrinus Parkinsoni* (Schlotheim). — *a)* Individu très typique avec un article en formation au bas du cône basal. — *b)* Fragment de tige avec un renflement. De Loriol, Paléontologie française, terrains jurassiques, Crinoïdes, Paris 1882-1884, pl. 28, fig. 3 et 5 gr. nat.

31 .₂₅. — *Exogyra (Ostrea) Knorri* (Voltz). — *a)* Valve inférieure, gr. nat. Vue extérieure et vue intérieure montrant le canal de la charnière. — *b)* La même valve grossie. Zieten. Die Versteinerungen Wurttembergs, Stuttgart 1830, p. 60, pl. XLV, fig. 2.

32 .₂₅. — *Pseudomonotis (Avicula) echinata* (Sowerby). Morris and Lycett, A Monograph of the Mollusca from the great oolite, 2e part. Bivalves. London 1853, Palæontographical Society, pl. II, fig. 7.

33 .₂₅. — *Macrodon Hirsonensis* (D'Archiac). — *a)* Individu gr. nat. Figure extraite de Morris et Lycett, A Monograph of the Mollusca from the great oolite, 2e part. Bivalves, London 1853, Palæontographical Society, pl. V, fig. 1 b. — *b)* Vue extérieure d'un autre individu. Figure extraite de d'Archiac. Description géologique du département de l'Aisne. Mém. Soc. géol. Fr., série I, t. V, 1843, pl. XXVII, fig. 5. — *c)* Schéma de la charnière, d'après H. Douvillé, Classification des Lamellibranches. Bull. Soc. géol. Fr., 4e série, t. XII, 1912, fasc. 7, p. 463, fig. 64.

34 .₂₅. — *Eudesia (Terebratula) cardium* (Lamarck). Davidson, British Fossil Brachiopoda, Palæontographical Society, London 1874-1882, pl. XII, fig. 13.

35.₂₅. — *(Oxynoticeras) Hudlestonia discus* (Sowerby). Sowerby, The Mineral Conchology, London 1812, vol. I, pl. 12.

36.₂₅. — *Rhynchonella varians* (Schlotheim). — *a)* Individu représenté d'après la figure originale de Schlotheim. — *b)* Autre individu. Davidson, British Fossil Brachiopoda, Palæontographical Society, London 1874-1882, supplément, pl. XXVIII, fig. 12 et 13.

37.₂₅. — *Oppelia aspidoides* (Oppel). Oppel, Palæontologische Mittheilungen, Stuttgart 1862, pl. 47, fig. 4, gr. nat.

26 — CALLOVIEN

1.₂₆. — *Macrocephalites macrocephalus* (Schlotheim). — *a)* et *b)* Coquille jeune, variété comprimée. D'Orbigny, Paléontologie française, terrains jurassiques, t. 1, Paris 1842, p. 430, pl. 151, fig. 1 et 2.

2.₂₆. — *Perisphinctes Bakeriæ* (Sowerby). — *a)* Individu gr. nat. vu de profil, variété de Lefol (Vosges). — *b)* Autre individu, vu par la bouche, variété de Niort. — *c)* Jeune individu avec sa bouche. Coquille très variable suivant l'âge. Espèce très difficile à bien circonscrire. D'Orbigny, Paléontologie française, terrains jurassiques, t. 1, Paris 1842, p. 424, pl. 149, fig. 1, 2 et 3.

3.₂₆. — *Pachyceras (Stephanoceras) coronatum* (Bruguière). — *a)* et *b)* Individu d'âge moyen, gr. nat. — *c)* Suture grossie 2 fois. — *d)* Adulte réduit au quart. — *e)* Individu très vieux, réduit au 1/6, à l'instant où il n'a plus de côtes sur le dos. Adulte, au diamètre de 250 mm., cette espèce perd les côtes latérales et n'a plus que des ondulations au pourtour de l'ombilic. Elle devient ensuite tout à fait lisse et bien plus comprimée. D'Orbigny, Paléontologie française, terrains jurassiques, t. 1, Paris 1842, p 465, pl. 168, fig. 6 et 7 et pl. 169, fig. 1 et 3.

4.₂₆. — *Serpula vertebralis* Sowerby. Sowerby, The Mineral Conchology, London 1829, vol. VI, pl. 599, fig. 6 à 9.

5.₂₆. — *Exogyra flabelloides* (Lamarck) (= *Alectryonia (Ostrea) Marshi*) (Sowerby). Echantillon type du laboratoire de malacologie du Muséum de Paris. Gr. nat. Coll. Lamarck. Figure extraite de Palæontologia universalis, pl. 199a, fig. H. et 114.

6.₂₆. — *Dysaster ellipticus (= Collyrites elliptica)* (des Moulins). — *a)* Vu de côté. — *b)* Face supérieure. — *c)* Face inférieure. — *d)* Face postérieure. — *e)* Appareil apical et aires ambulacraires grossis. Cotteau, Paléontologie française, terrains jurassiques, Echinides irréguliers, t. IX, Paris 1867-1874, p. 58, pl. 10, fig. 2, 3, 4, 5 et 6.

7.₂₆. — *Hecticoceras lunula* (Pictet). Zieten, Die Versteinerungen des Württembergs, Stuttgart, 1830, p. 14, pl. X, fig. 11 a, b, c.

8.₂₆. — *Reineckeia anceps* (Reinecke). — *a)* Individu de taille moyenne, de forme renflée, vu de côté; remarquable par la grosseur des tubercules et des côtes qui s'en détachent. — *b)* Individu de la forme aplatie, vu de côté. On a enlevé une partie de l'avant-dernier tour pour montrer la forme renflée du jeune individu. On voit que les tubercules s'effacent, quand l'animal passe de la forme renflée à la forme aplatie. On connaît tous les passages entre ces deux types extrêmes. — *c)* Jeune individu du type renflé, vu du côté ventral, pour montrer le méplat médian qui sépare les faisceaux de côtes des flancs. Bayle, Explic. Carte géol. Fr., Paris 1878, pl. LVI, fig. 1, 2 et 3.

27 — OXFORDIEN

1.₂₇. — *Peltoceras athleta* (Phillips). — *a)* Individu de petite taille, gr. nat·
vu du côté ventral. — *b)* Le même, vu de côté. Bayle, Explic·
Carte géol. Fr., Paris 1878, pl. XLIX, fig. 7 et 8.

2.₂₇. — *Quenstedticeras (Cardioceras) Lamberti* (Sowerby). — Individu montrant
la distribution irrégulière des grosses côtes qui partent de l'ombilic. Bayle, Explic. Carte géol. Fr., Paris 1878, pl. XCVI, fig. 3.

3.₂₇. — *Cosmoceras ornatum* (Schlotheim) (= *Cosmoceras Duncani* [Sowerby]).
a) et *b)* Adulte réduit. — *c)* Suture grossie 3 fois. — *d)* Jeune,
gr. nat. D'Orbigny, Paléontologie française, terrains jurassiques,
t. 1, Paris 1842, p. 451, pl. 161, fig. 1 et 5.

4.₂₇. — *Trigonia elongata* Sowerby. Bigot, Mémoire sur les trigonies; Mém.
Soc. lin. de Normandie, vol. XVII, 2e et 3e fascicules, Caen 1893,
pl. X, fig. 7, gr. nat.

5.₂₇. — *Trigonia clavellata* (Sowerby). Lycett. A Monograph of the British
Fossil Trigoniæ; Palæontographical Society, 1872, p. 18, pl. I,
fig. 1 a b.

6.₂₇. — *Perna mytiloides* Lamarck. Goldfuss, Petrefacta Germaniæ, Dusseldorf
1834-1840, pl. 107, fig. 12, gr. nat.

7.₂₇. — *Millericrinus Milleri* (Schlotheim). De Loriol, Paléontologie française,
terrains jurassiques, Crinoïdes, Paris 1882-1884, pl. 96, fig. 4 et 5.

8.₂₇. — *Pentacrinus (Pentacrinites) pentagonalis* Goldfuss. Fragments de tige
de différents aspects, grossis. Goldfuss, Petrefacta Germaniæ,
Dusseldorf 1826-1833, pl. 53, fig. 2.

9.₂₇. — *Nucleolites (Echinobrissus) scutatus* (Lamarck). — *a)* Vu de côté. —
b) Face supérieure. — *c)* Face inférieure. — *d)* Tubercules de
l'ambitus grossis.

10.₂₇. — *Aulacothyris impressa* (von Buch). Zieten, Die Versteinerungen Württembergs, Stuttgart, 1830, pl. XXXIX, fig. 11.

11.₂₇. — *Gryphæa dilatata* (Sowerby). Individu adulte, réduit d'un tiers. La surface de la valve droite porte les stries rayonnantes caractéristiques de l'espèce. Bayle, Explic. Carte géol. Fr., Paris, 1878,
pl. CXXIX, fig. 1.

12.₂₇. — *Alectryonia gregarea* (Sowerby). Sowerby, The Mineral Conchology,
London 1818, vol. II, pl. 111, fig. 1 et 3.

13.₂₇. — *Hibolites (Belemnites) hastatus* (Blainville). — *a)* Rostre d'un jeune
individu, de forme large, vu du côté ventral. — *b)* Rostre d'un
individu de taille moyenne, vu de côté, pour montrer les deux
stries caractéristiques des hibolites. Bayle, Explic. Carte géol.
Fr. Paris 1878, pl. XXX, fig. 6 et 7.

14.₂₇. — *Creniceras Renggeri* (Oppel). — *a)* et *b)* Deux individus, gr. nat. —
c) Suture grossie 12 fois. Robert Douvillé, Etude sur les Oppellidées
de Dives et de Villers-sur-Mer 1914. Mém. n⁰ 48 de la Soc. géol.
de Fr., XXI, fasc. 2, pl. 1, fig. 20 et 21 et dans le texte, p. 26,
fig. 32.

15.₂₇. — *Quenstedticeras Mariæ* (d'Orbigny). D'Orbigny, Paléontologie française,
terrains jurassiques, t. I, Paris 1842, p. 486, pl. 179, fig. 5 et 6,
gr. nat.

16.₂₇. — *Perisphinctes plicatilis* (Sowerby) *(= Perisphinctes biplex* [Sowerby]*)*.
Suivant les âges et les variétés, on a multiplié les noms pour cette
espèce ; celui de *plicatilis,* étant le plus ancien, doit être conservé. — *a)* Jeune individu de grandeur naturelle. — *b), c)* et *d)*
Trois autres individus de plus en plus jeunes. La coquille peut
atteindre 500 mm. à 600 mm. de diamètre. D'Orbigny, Paléontologie française, terrains jurassiques, t. I, Paris 1842, p. 509,
pl. 192, fig. 1 à 6. — *e)* Échantillon type, grandeur naturelle, de
la coll. Buckland, au musée de l'Université d'Oxford (D'après
Palæontologia universalis, 1904, pl. 57).

17.₂₇. — *Aspidoceras perarmatum* (Sowerby). Individu, 1/2 gr. nat. D'Orbigny,
Paléontologie française, terrains jurassiques, t. I, Paris 1842,
p. 498, pl. 184, fig. 1, 2 et 3.

18.₂₇. — *Cardioceras cordatum* (Sowerby). D'Orbigny, Paléontologie française,
terrains jurassiques, t. I, Paris 1842, p. 514, pl. 194, fig. 2 et 3,
gr. nat.

19.₂₇. — *Pholadomya exaltata* Agassiz. Agassiz, Etudes critiques sur les Mollusques fossiles, Neuchâtel 1840, pl. 4a, fig. 1 et 3.

28 — LUSITANIEN = { 3 : **Séquanien (Astartien)**
2 : **Rauracien**
1 : **Argovien**

1.₂ₓ — *Pelloceras transversarium* (QUENSTEDT). — *a)* Figure type extraite de Quenstedt, Atlas zu den Cephalopoden, Tübingen 1849, pl. 13, fig. 12, gr. nat. — *b)* Individu présentant des côtes croisées. Figure extraite de de Loriol et Girardot, Etude sur les Mollusques et Brachiopodes de l'Oxfordien supérieur et moyen du Jura lédonien. Mém. Soc. paléont. Suisse, t. XXX, 1903, pl. 15, fig. 5.

2.₂ₓ — *Perisphinctes Martelli* (OPPEL). = *Perisphinctes biplex* (D'ORBIGNY non SOWERBY). = *Perisphinctes variocostatus* (BUCKLAND) (figuré par d'Orbigny, pl. 191, comme « *biplex* » Sow.). Remarquer comme caractère spécifique l'ornementation à grosses côtes de la chambre d'habitation. D'Orbigny, Paléontologie française, terrains jurassiques, t. 1, Paris 1842, pl. 191, fig. 1 et 2, 1/4 gr. nat.

3.₂ₓ — *Ochetoceras canaliculatum* (MUNSTER). — *a)* et *b)* Individu gr. nat. à l'instant où la coquille perd sa livrée. Suture gr. nat. — *c)* Jeune individu avec sa bouche complète. — *d)* Autre variété jeune. D'Orbigny, Paléontologie française, terrains jurassiques, t. 1, Paris 1842, p. 525, pl. 199, fig. 1 à 6.

4.₂ₓ — *Sowerbyceras (Phylloceras) tortisulcatum* (D'ORBIGNY) Individu gr. nat. et suture grossie. D'Orbigny, Paléontologie française, terrains jurassiques, t. 1, Paris 1842, p. 506, pl. 189, fig. 1, 2 et 3.

5.₂ₓ — *Pelloceras bimammatum* (QUENSTEDT) (= *Pelloceras bicristatum* [RASPAIL]). Quenstedt, Der Jura, 1858, pl. 76, fig. 9.

6.₂ₓ — *Terebratula globosa* EICHWALD non LAMARCK (= *Terebratula nucella* DALMAN). Reproduction gr. nat. sous trois aspects d'un même échantillon de E. Fournier, Fac. Sc. Besançon. Espèce figurée par un croquis in Fournier, Fos. caract. des terrains, Besançon, Dodivers, 1904, pl. 11. Espèce voisine de *Ter. Bourgueti* THURMANN.

7.₂ₓ — *Zeilleria Egena* BAYLE. — *a)* Jeune individu montrant la face externe de la valve ventrale. — *b)* Même individu ; le deltidium et l'aréa de la valve ventrale sont très distincts. Bayle, Explic. Carte géol. Fr. Paris 1878, pl. VIII. fig. 11 et 14.

8.₂ₓ — *Glypticus hieroglyphicus* (GOLDFUSS). — *a)* Vu de côté. — *b)* Face supérieure. — *c)* Face inférieure. — *d)* Fragment grossi. — *e)* Appareil apical grossi. Cotteau, Paléontologie française, terrains jurassiques, Echinides réguliers, t. X, 2ᵉ partie, Paris 1880-1885, p. 582, pl. 416, fig. 1 à 7.

9.₂ₓ — *Cidaris florigemma* PHILLIPS. — *a)* Individu gr. nat., montrant la bouche. — *b)* Le même, vu de côté. — *c)* Deux types d'épine principale. — *d)* Extrémité grossie deux fois d'une épine principale. Wright, A Monograph of the British Fossil Echinodermata from the oolitic formation, Palæontographical Society, London 1860, pl. II, fig. 2.

10.₂ₛ. — *Hemicidaris crenularis* (Lamarck). — *a)* Vu de côté. — *b)* Face supérieure. — *c)* Face inférieure. — *d)* Tubercule interambulacraire,
vu de profil, grossi. Cotteau, Paléontologie française, terrains
jurassiques, Echinides réguliers, t. X, 2ᵉ partie, Paris 1880-1885,
p. 85 et 833, pl. 287, fig. 1, 2, 3 et 7

11.₂ₛ. — *Cardium corallinum* Leymerie. Leymerie, Statistique géol. et minér.
du département de l'Aube, 1846, atlas, pl. 10, fig. 11.

12.₂ₛ. — *Diceras arietinum* Lamarck. — *a)* Individu de taille moyenne vu du
côté antérieur. Les deux valves sont dépouillées de leurs lames
externes. — *b)* Le même, vu du côté postérieur. Bayle, Explic.
Carte géol. Fr. Paris, 1878, pl. CVI, fig. 1 et 2.

13.₂ₛ. — *Ochetoceras Marantianum* (d'Orbigny). — *a)* et *b)* Jeune individu. —
c) Adulte gr. nat. D'Orbigny, Paléontologie française, terrains
jurassiques, t. 1, Paris 1842, p. 533, pl. 207, fig. 3, 4 et 5.

14.₂ₛ. — *Perisphinctes Tiziani* (Oppel). Lee, Contribution à l'étude strat. et
paléont. de la chaîne de la Faucille ; 1905, Mém. Soc. paléont.
Suisse, vol. 32, pl. 3, fig. 6

15.₂ₛ. — *Thamnastræa arachnoides* (Parkinson). — *a)* Spécimen adulte, gr.
nat. — *b)* Calice grossi. Milne Edwards et Haime, A Monograph
of the British Fossil Corals, Palæontographical Society, London
1850, pl. 18, fig. 1.

16.₂ₛ. — *Calamophyllia Stokesi* Milne Edwards et Haime. — *a)* Echantillon gr.
nat. — *b)* Fragment agrandi. — *c)* Calice grossi. Milne Edwards
et Haime, A Monograph of the British Fossil Corals. Palæontographical Society, London 1850, pl. 16, fig. 1.

17.₂ₛ. — *Perisphinctes Lothari* (Oppel). Oppel, Palæontologische Mittheilungen,
Stuttgart, 1863, pl. 67, fig. 6, gr. nat.

18.₂ₛ. — *Perisphinctes polyplocus* (Reinecke). Quenstedt, Die Ammoniten des
schwäbischen Jura, Stuttgart 1883-1885, I, pl. 103, fig. 10, gr.
nat.

19.₂ₛ. — *Nérinea Mosæ* Deshayes. — *a)* Individu gr. nat., vu du côté de la bouche. — *b)* Coupe d'une bouche prise au 3ᵉ tour au-dessous de la
bouche. D'Orbigny, Paléontologie française, terrains jurassiques,
Gastéropodes, vol. 2, Paris 1850, pl. 265, fig. 1 et 2.

20.₂ₛ. — *Trigonia Bronni* Agassiz. Bigot. Mémoire sur les Trigonies ; Mém. Soc.
lin. Normandie, vol. XVII, 2ᵉ et 3ᵉ fasc., Caen 1893, pl. XIV,
fig. 7 gr. nat.

21.₂ₛ. — *Alectryonia (Ostrea) solitaria* (Sowerby). Sowerby, The Mineral Con-
chologie, London 1825, vol. V, pl. 468, fig. 1, gr. nat.

22.₂ₛ. — *Terebratulina substriata* (Schlotheim). Zittel. Traité de paléontologie,
1883, t. I, p. 707, fig. 545.

23.₂ₛ. — *Rhynchonella trilobata* (Münster). Zieten, Die Versteinerungen Württembergs, Stuttgart 1830, p. 56, pl. XLII, fig. 3.

24.₂₈. — *Astarte supracorallina* ᴅ'Oʀʙɪɢɴʏ. Buvignier, Statistique géol. du département de la Meuse, Paris 1852, pl. 20, fig. 48, grossie 5 fois.

25.₂ₙ. — *Astarte minima* Goʟᴅꜰᴜss. — *b)* Echantillon gr. nat. — *c)* Le même grossi. Goldfuss, Petrefacta Germaniæ, Dusseldorf 1834-1840, pl. CXXXIV, fig. 15. — *a) Astarte minima* (Pʜɪʟʟɪᴘs). Figure extraite de Phillips, Geology of Yorkshire, York 1829, pl. IX, fig. 23.

26.₂₈. — *Perisphinctes Achilles* (ᴅ'Oʀʙɪɢɴʏ). Individu adulte, réduit au 1/6. Suture gr. nat. calquée sur la nature. D'Orbigny, Paléontologie française, terrains jurassiques, t. I, Paris 1842, p. 540, pl. 206, fig. 4 et pl. 207.

29 — KIMÉRIDGIEN

1.₂₉. — *Pictonia (Rasenia) Cymodoce* (D'ORBIGNY). — *a)* Individu dont le test est presque entièrement conservé, vu de côté. Les bourrelets saillants et très irréguliers que portent les premiers tours sont effacés sur le dernier. On aperçoit le bord de cinq cloisons dans la portion de la spire où le test est enlevé. — *b)* Suture gr. nat. calquée sur la nature. — *c)* Coupe médiane d'un autre individu, dont la plupart des loges ont leurs parois tapissées de calcite spathique, tandis que les autres sont remplies de calcaire compact. Le siphon, visible dans une grande partie de la coquille, a été détruit en plusieurs endroits, mais en ces derniers on distingue le goulot. Cette figure a été exécutée avec la plus scrupuleuse exactitude. Bayle, Explic. Carte géol. Fr., Paris 1878, pl. LXVI. D'Orbigny, Paléontologie française, terrains jurassiques, t. I, Paris 1842, p. 534, pl. 203, fig. 1.

2.₂₉. — *Streblites (Oppelia) tenuilobatus* (OPPEL). — *a)* Figure extraite de Dumortier et Fontanes. Description des ammonites de la zone à A. tenuilobatus de Crussol (Ardèche), Lyon, Paris 1876, pl. 7, fig. 1. — *b)* Figure type extraite de Oppel, Palæontologische Mittheilungen, Stuttgart 1862, pl. 50, fig. 1

3.₂₉. — *Harpagodes (Pterocera) Oceani* (AL. BRONGNIART). Individu qui paraît adulte et complet ; moule intérieur. Al. Brongniart, Sur les caractères zoologiques des formations, Annales des Mines, t. VI, 1821, p. 537, pl. VII, fig. 2 A.

4.₂₉. — *Pterocera Ponti* (AL. BRONGNIART) (= *Chenopus Ponti* COSSMANN). Individu incomplet mais bien conservé ; moule intérieur ; le test n'existe plus. Al. Brongniart, Sur les caractères zoologiques des formations, Annales des mines, t. VI, 1821, p. 537, pl. VII, fig. 3A.

5.₂₉. — *Terebratula insignis* SCHUBLER. Zieten, Die Versteinerungen Württembergs, Stuttgart 1830, pl. XL, fig. 1.

6.₂₉. — *Pholadomya (Cardium) Protei* (AL. BRONGNIART). De Loriol et Lambert, Description des mollusques et brachiopodes des couches séquaniennes de Tonnerre, Yonne. Mém. Soc. paléont. Suisse, XX, 1893, pl. V, fig. 12.

7.₂₉. — *Thracia (Tellina) incerta* DESHAIES (= *Thracia suprajurensis* DESHAYES). — *a)* Très grand exemplaire avec son test. — *b)* Moule intérieur de la même espèce, gr. nat. P. de Loriol, E. Royer et H. Tombeck, Monographie paléont. et géol. des étages supérieurs de la formation jurassique du département de la Haute-Marne, Mém. Soc. lin. Normandie, vol. XVI, 1872, pl. XI, fig. 9 et 10.

8.₂₉. — *Aspidoceras orthocera* (D'ORBIGNY). Coquille réduite aux 2/3 gr. nat. à l'instant où elle perd ses pointes. D'Orbigny, Paléontologie française, terrains jurassiques, t. I, Paris 1842, p. 556, pl. 218, fig. 1 et 2.

9.₂₉. — *Neumayria trachynota* (OPPEL) (= *Perisphinctes trachynotus* [OPPEL]). Oppel, Palæontologische Mittheilungen, Stuttgart, 1863, pl. 56, fig. 4.

10.₂₉. — *Terebratula subsella* Leymerie. Leymerie, Statistique géol. et minér. du département de l'Aube, 1846, atlas, pl. 10, fig. 5.

11.₂₉. — *Waldheimia (Zeilleria) humeralis* (Rœmer). H. Douvillé, Sur quelques brachiopodes du terrain jurassique, Bull. Soc. des Sc. de l'Yonne, 1885, IX, pl. 4, fig. 12.

12.₂₉. — *Ostrea deltoidea* Pellat. Valve gauche d'un individu adulte, vue à l'intérieur. Bayle, Explic. Carte géol. Fr., Paris 1878, pl. CXXXI, fig. 1.

13.₂₉. — *Ceromya excentrica* (Rœmer). Goldfuss, Petrefacta Germaniæ, Dusseldorf 1834-1840, pl. CXL, fig. 6, gr. nat.

14.₂₉. — *Trigonia papillata* Agassiz. Bigot, Mémoire sur les Trigonies, Mém. Soc. lin. Normandie, vol. XVII, 2ᵉ et 3ᵉ fasc., Caen 1893, pl. X et XI, fig. 3, gr. nat.

15.₂₉. — *Exogyra Catalaunica* (de Loriol). P. de Loriol, E. Royer et H. Tombeck, Monographie paléont. et géol. des étages supérieurs de la formation jurassique du département de la Haute-Marne. Mém. Soc. lin. Normandie, vol. XVI, 1872, pl. XXIII, fig. 15, gr. nat.

16.₂₉. — *Exogyra virgula* Goldfuss. Goldfuss. Petrefacta Germaniæ, Dusseldorf 1834-1840, pl. LXXXVI, fig. 3.

17.₂₉. — *Aulacostephanus (Reineckeia) Eudoxus* (d'Orbigny). — *a)* Individu adulte, gr. nat. — *b)* Jeune, gr. nat. D'Orbigny, Paléontologie française, terrains jurassiques, t. 1, Paris 1842, p. 552, pl. 213, fig. 3, 4, 5 et 6.

18.₂₉. — *Aspidoceras Lallierianum* (d'Orbigny). — *a)* Individu adulte, gr. nat. suture calquée sur la nature. — *b)* Jeune. D'Orbigny, Paléontologie française, terrains jurassiques, t. I, Paris 1842, p. 542, pl. 208, fig. 1, 2, 3 et 4.

19.₂₉. — Vertèbre d'*Ichthyosaurus trigonus* Owen. Echantillon gr. nat. de la col. A. Dutertre, musée géologique de Boulogne-sur-Mer (Falaise de Châtillon).

20.₂₉. — *Sowerbyceras (Phylloceras) Loryi* (Munier Chalmas)(=*Phylloceras silenus* Fontannes). W. Kilian, Mémoire d'Andalousie. Mémoires présentés par divers savants à l'Académie des Sc. de l'Institut de France, t. XXX, 1889, p. 626, pl. 626, pl. XXVII, fig. 3.

21.₂₉. — *Aulacostephanus pseudomutabilis* (P. de Loriol). — *a)* Grand exemplaire réduit de moitié; suture du même, gr. nat. — *b)* Exemplaire de petite taille de la même espèce, avec sa dernière loge à peu près entière ; son ombilic est relativement étroit, gr. nat. P. de Loriol et E. Pellat, Monographie paléont. et géol. des étages supérieurs de la formation jurassique des environs de Boulogne-sur-Mer, 1873, Mém. Soc. phys. et hist. nat. de Genève, t. 23, Genève 1874, pl. V, fig. 1 et 2.

22.₂₉. — *Aspidoceras longispinum* (SOWERBY). — *a)* Individu adulte, 1/2 gr. nat.
— *b)* Jeune, gr. nat. C'est peut-être l'une des espèces les plus dis-
tinctes : par sa surface lisse et ses deux rangées de pointes latérales, elle ne peut être confondue avec aucune autre. Son diamètre peut atteindre 70 centimètres (le plus grand connu). D'Orbigny,
Paléontologie française, terrains jurassiques. t. I, Paris 1842,
p. 544, pl. 209, fig. 1, 2 et 3.

28.₂₉. — *Neumayria (Oppelia) compsa* (OPPEL). Fontanes, Description des Ammonites du château de Crussol (Ardèche), 1879, pl. V, fig. 1.

30 — PORTLANDIEN

1.₃₀. — *Gravesia Portlandica* (DE LORIOL)(= *Pachyceras Portlandicum*)(= *Stephanoceras Portlandicum*) (*non zigas* [ZIETEN]). — *a)* Coquille réduite au 1/3, prise à l'instant où elle perd ses côtes latérales. — *b)* et *c)*. Jeune individu de gr. nat. D'Orbigny, Paléontologie française, terrains jurassiques, t. I, Paris 1842, p. 560, pl. 220, fig. 1, 2, 3 et 4.

2.₃₀. — *Aspidoceras acanthicum* (OPPEL). Dumortier et Fontannes, Description des Ammonites de la zone à A. tennilobatus de Crussol (Ardèche) et quelques autres fossiles jurassiques nouveaux ou peu connus. Lyon, Paris 1876, pl. 18, fig. 4.

3.₃₀. — *Nerinea (Acrostylus) trinodosa* VOLTZ. Cossmann, Contribution à la Paléontologie française des terrains jurassiques, Gastropodes ; Nérinées, Paris 1898. Mém. Soc. géol. Fr., n° 19, pl. V, fig. 7 gr. nat.

4.₃₀. — *Trigonia gibbosa* SOWERBY. Sowerby, The Mineral Conchology, London 1821, vol. III, pl. 235.

5.₃₀. — *Cyrena rugosa* (SOWERBY) DE LORIOL. P. de Loriol et E. Pellat, Monographie paléont. et géol. de l'étage portlandien des environs de Boulogne-sur-mer. Mém. Soc. phys. et hist. nat. de Genève, t. 19, 1868, pl. 5, fig. 4.

6.₃₀. — *Exogyra (Ostrea) expansa* (SOWERBY). Sowerby, The Mineral Conchology, London 1821, vol. III, pl. 238.

7.₃₀. — *Aucella Mosquensis* BUCH (non KEYSERLING, non LAHUSEN). — *a)* Valve gauche. — *b)* Profil. — *c)* Valve droite. A. P. Pavlow, Enchaînement des aucelles et aucellines du crétacé russe ; nouveaux mémoires de la Soc. impériale des naturalistes de Moscou, 1907, pl. II, fig. 5. Echantillon type du Musée d'hist. nat. de Berlin, coll. de L. de Buch.

8.₃₀. — *Virgatites (Olcostephanus) virgatus* (BUCH). Figure un peu réduite. Michalski, Die Ammoniten der unteren Wolga-Stufe, Saint-Petersbourg, 1890, pl. 1, fig. 1.

9.₃₀. — *Asteracanthus ornatissimus* AGASSIZ (= *Strophodus reticulatus* AGASsiz). Piquant de nageoire, 1/2 gr. nat. — *a)* Vu de profil. — *b)* Vu en arrière. — *c)* Un tubercule grossi.

PORTLANDIEN : TYPE MÉDITERRANÉEN (= TITHONIQUE)

10.₃₀. — *Pygope (Terebratula) janitor* (Pictet). Echantillon provenant de la Porte de France, à Grenoble ; Collection de l'Institut catholique de Paris. Figuré dans de Lapparent et Fritel, Foss. caract. secondaires, Paris, Savy 1888, pl. IX, fig. 27.

11.₃₀. — *Terebratula Moravica* Glocker. H. Douvillé, Sur quelques brachiopodes du terrain jurassique. Bull. Soc. Nat. de l'Yonne, 3e série, t. IX, 1885, pl. I, fig. 6.

12.₃₀. — *Cidaris glandifera* Goldfuss. — *a)* Vu de côté. — *b)* Face supérieure. — *c)* Face inférieure. — *d)* Radiole. Cotteau, Paléontologie française, terrains jurassiques, Echinides réguliers, t. X, 1ʳᵉ partie, Paris, 1873-1880, p. 191, pl. 195, fig. 7.

13.₃₀. — *Perisphinctes contiguus* (Catullo). Zittel, Fauna der älteren Tithonbildung Palæontologische Mittheilungen, t. II, Cassel 1870, pl. 35, fig. 1.

14.₃₀. — *Rhynchonella Astieriana* D'Orbigny. D'Orbigny. Paléontologie française, terrains crétacés, t. IV, atlas, Paris 1847-1849, pl. 492, fig. 1 et 4.

15.₃₀. — *Hoplites (Berriasella) Callisto* (d'Orbigny). D'Orbigny, Paléontologie française, terrains jurassiques, t. I, Paris 1842, p. 551, pl. 243, fig. 1 et 2 gr. nat.

16.₃₀. — *Phylloceras Calypso* (d'Orbigny). D'Orbigny, Paléontologie française, terrains jurassiques, tome I, Paris 1842, p. 342, pl. 110, fig. 1 et 2 suture grossie 5 fois.

17.₃₀. — *Perisphinctes transitorius* (Oppel). Zittel, Cephalopoden der Stramberger Schichten, pl. 22, fig. 1.

LAVAL. — IMPRIMERIE BARNÉOUD.

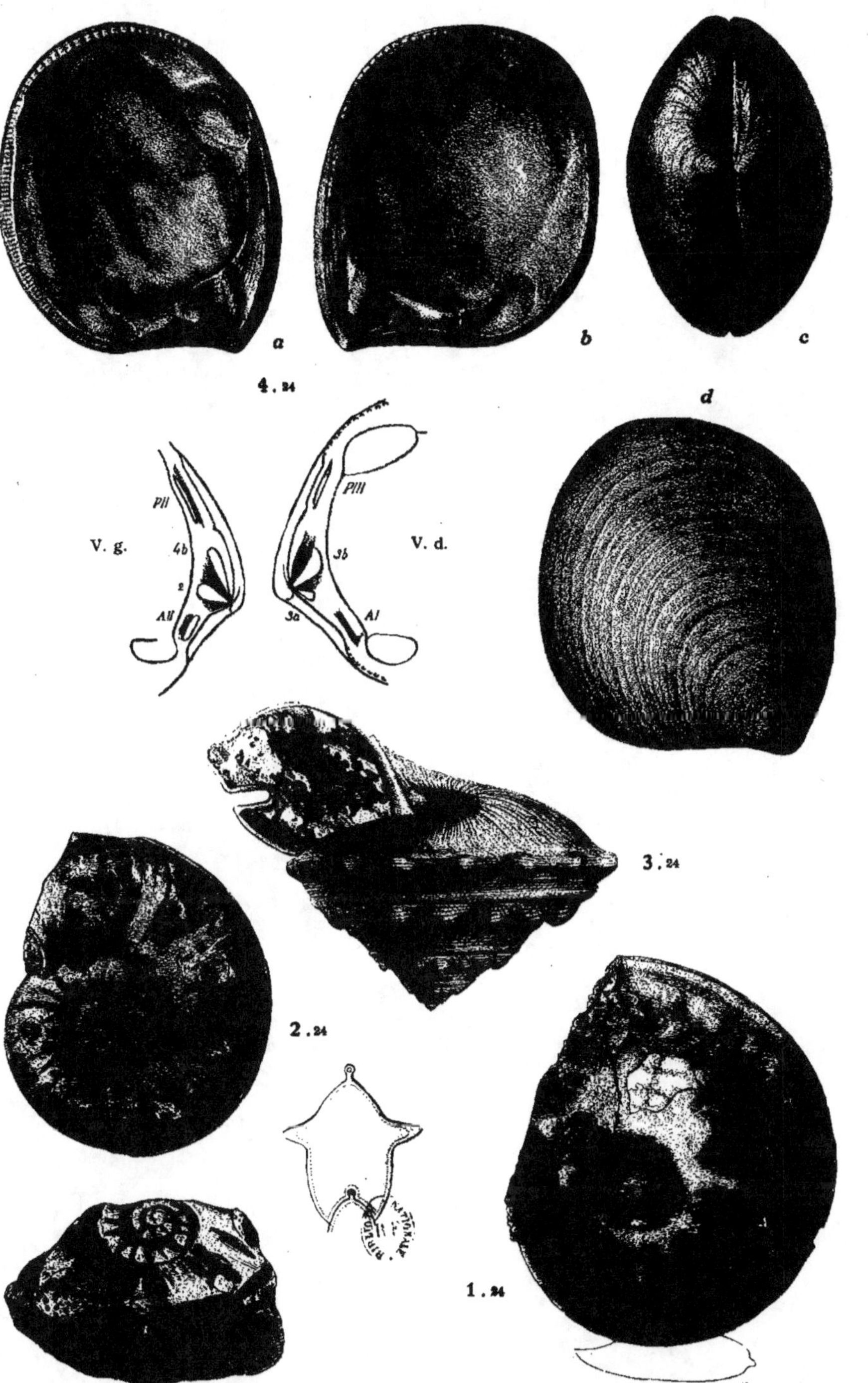

a
b
c
d
4.24
V. g.
PII
4b
2
AII
PIII
3b
3a
AI
V. d.
3.24
2.24
1.24

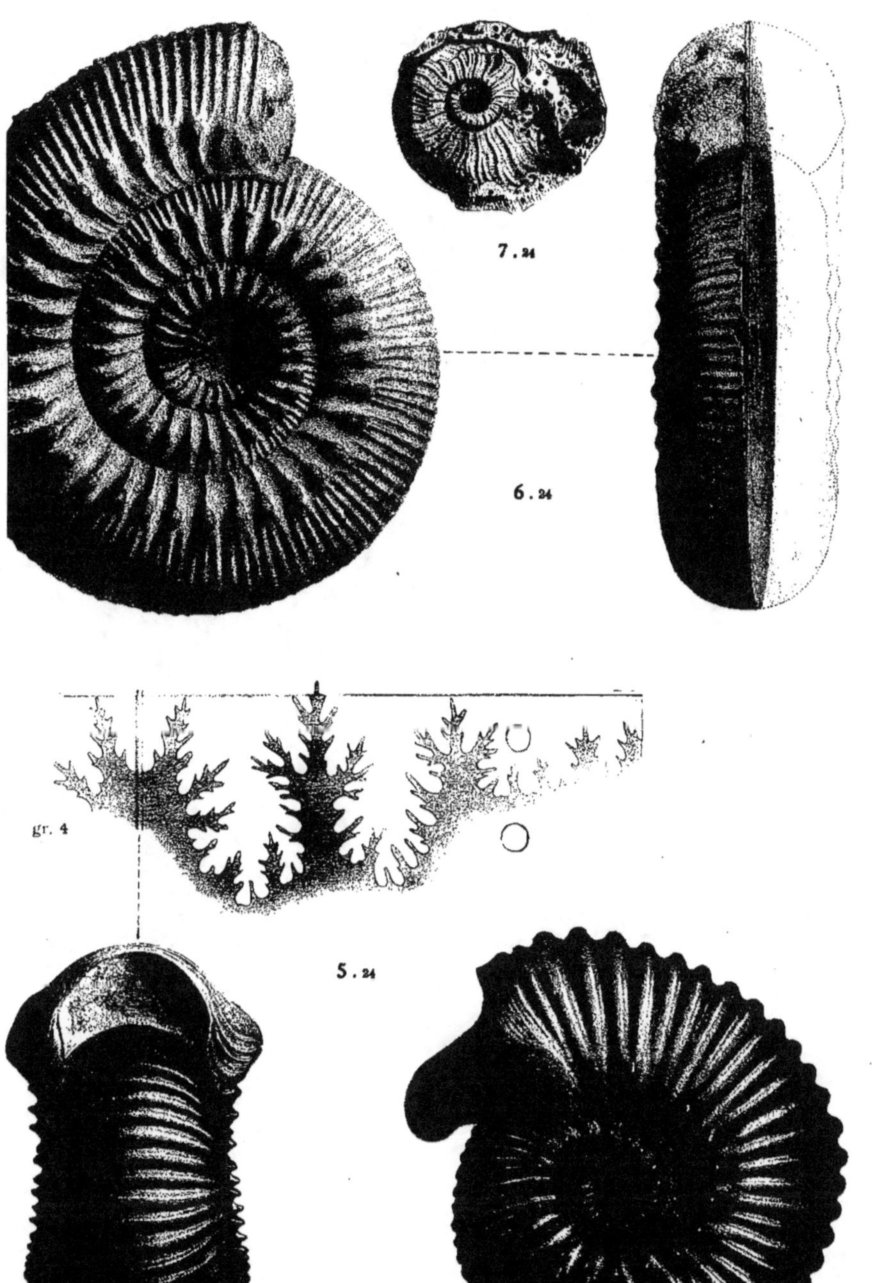

Imp. Tortellier et Cie. Arcueil (Seine)

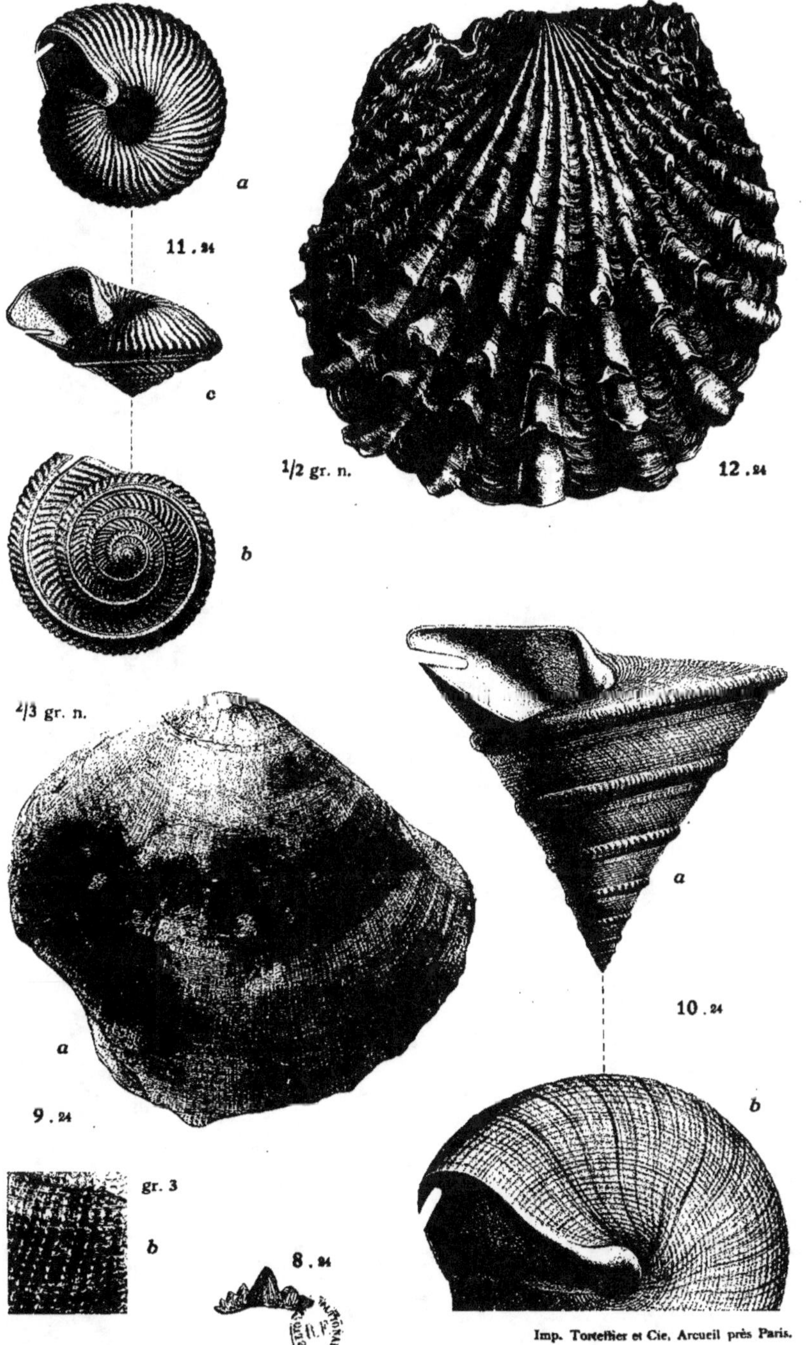
a
11.24
c
1/2 gr. n.
12.24
b
2/3 gr. n.
a
10.24
a
9.24
b
gr. 3
b
8.24
Imp. Torteffier et Cie, Arcueil près Paris.
72

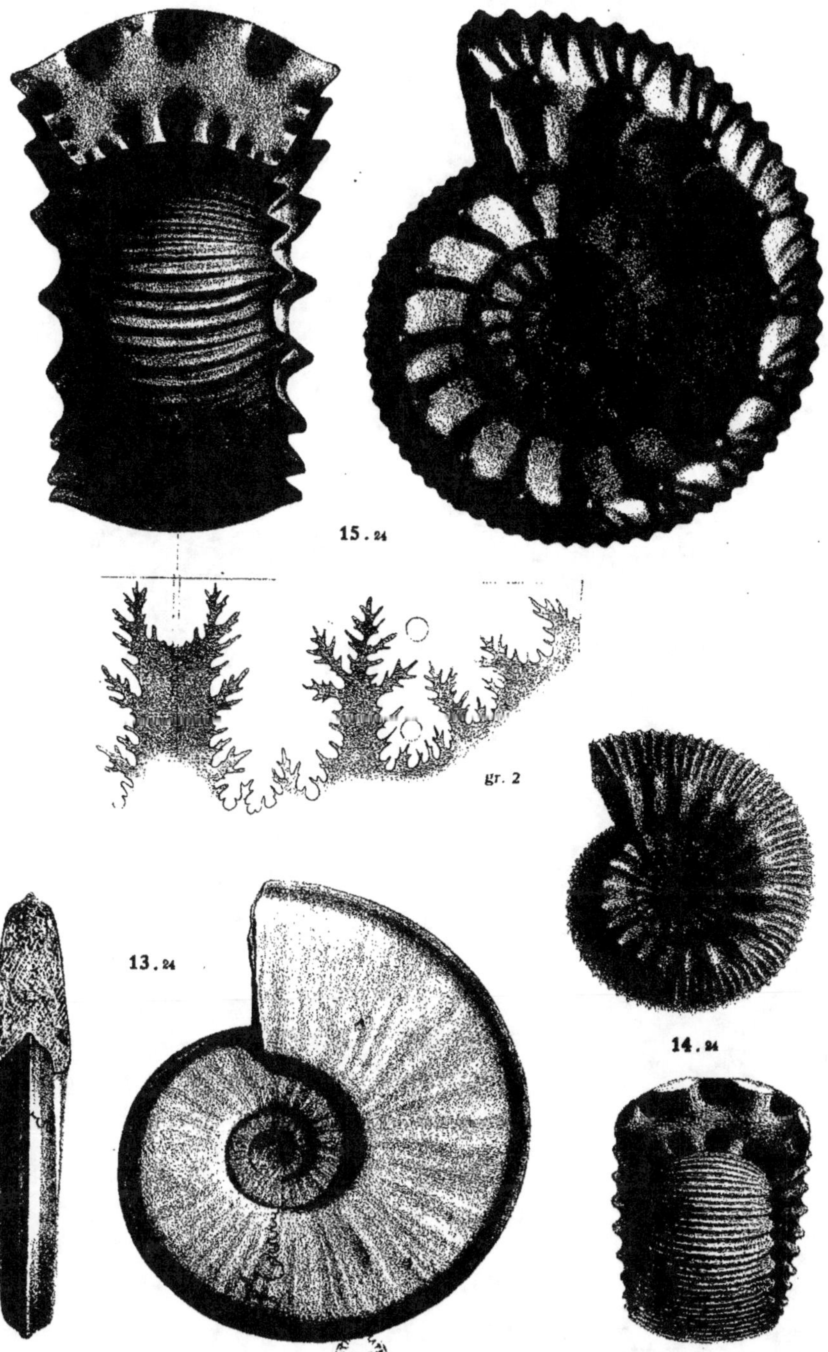

15.24

gr. 2

13.24

14.24

Imp. Tortellier et Cie. Arcueil près Paris.

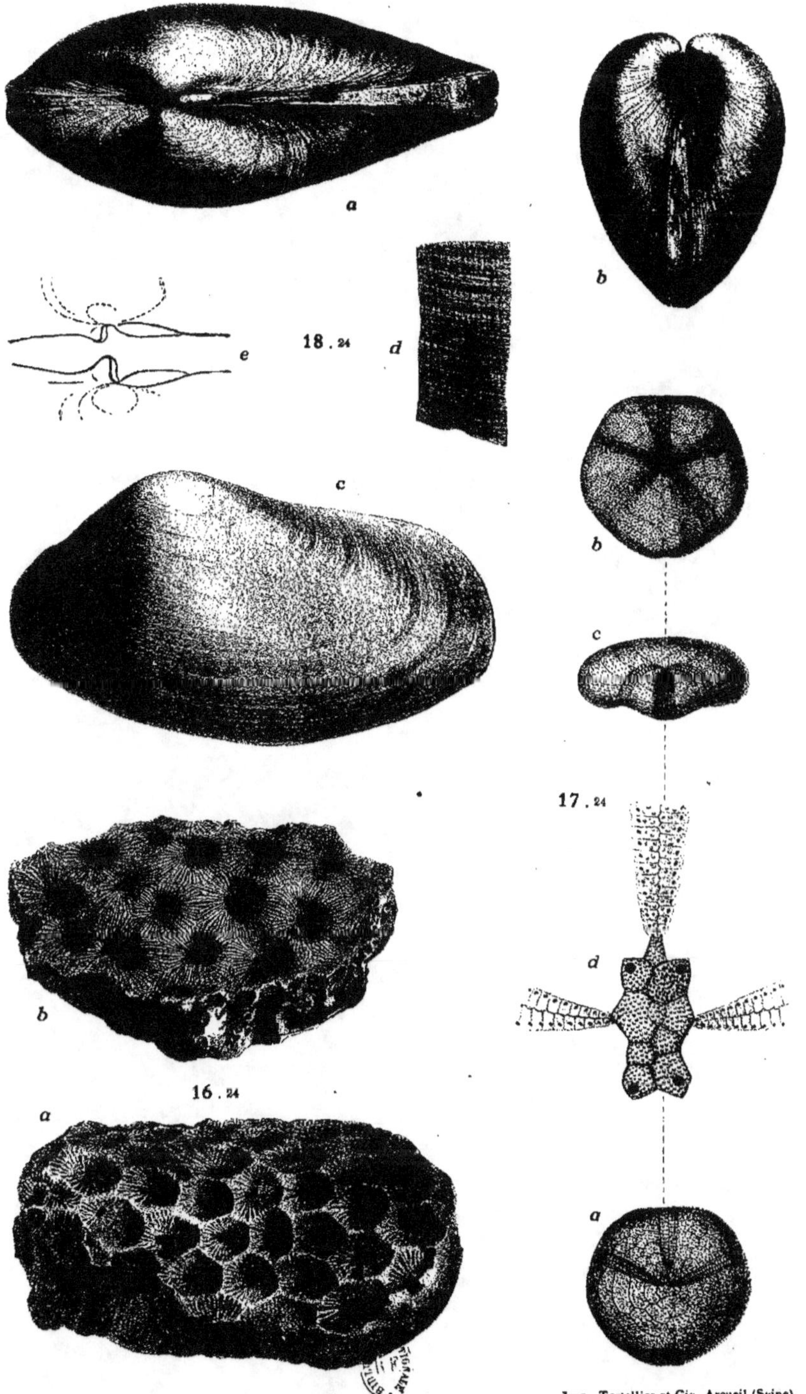

Imp. Tortellier et Cie. Arcueil (Seine)

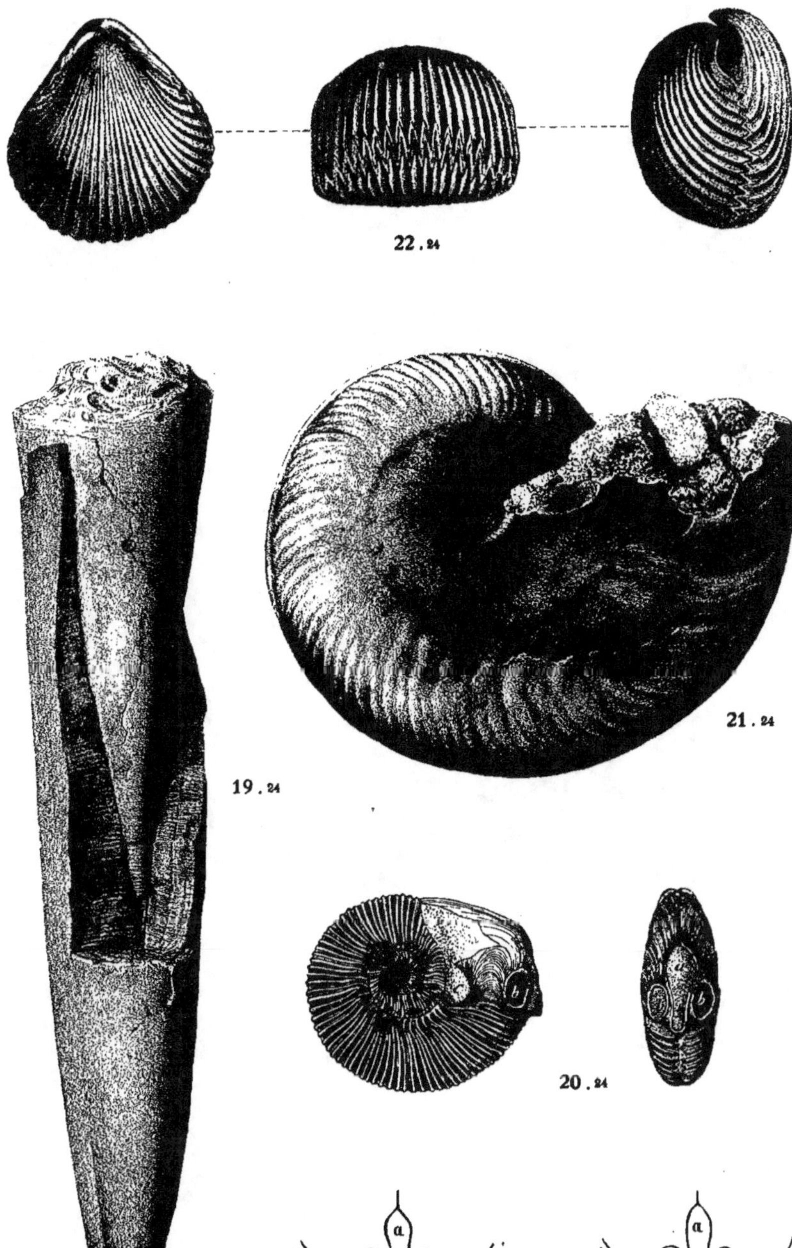

Imp. Tortellier et Cie. Arcueil (Seine)

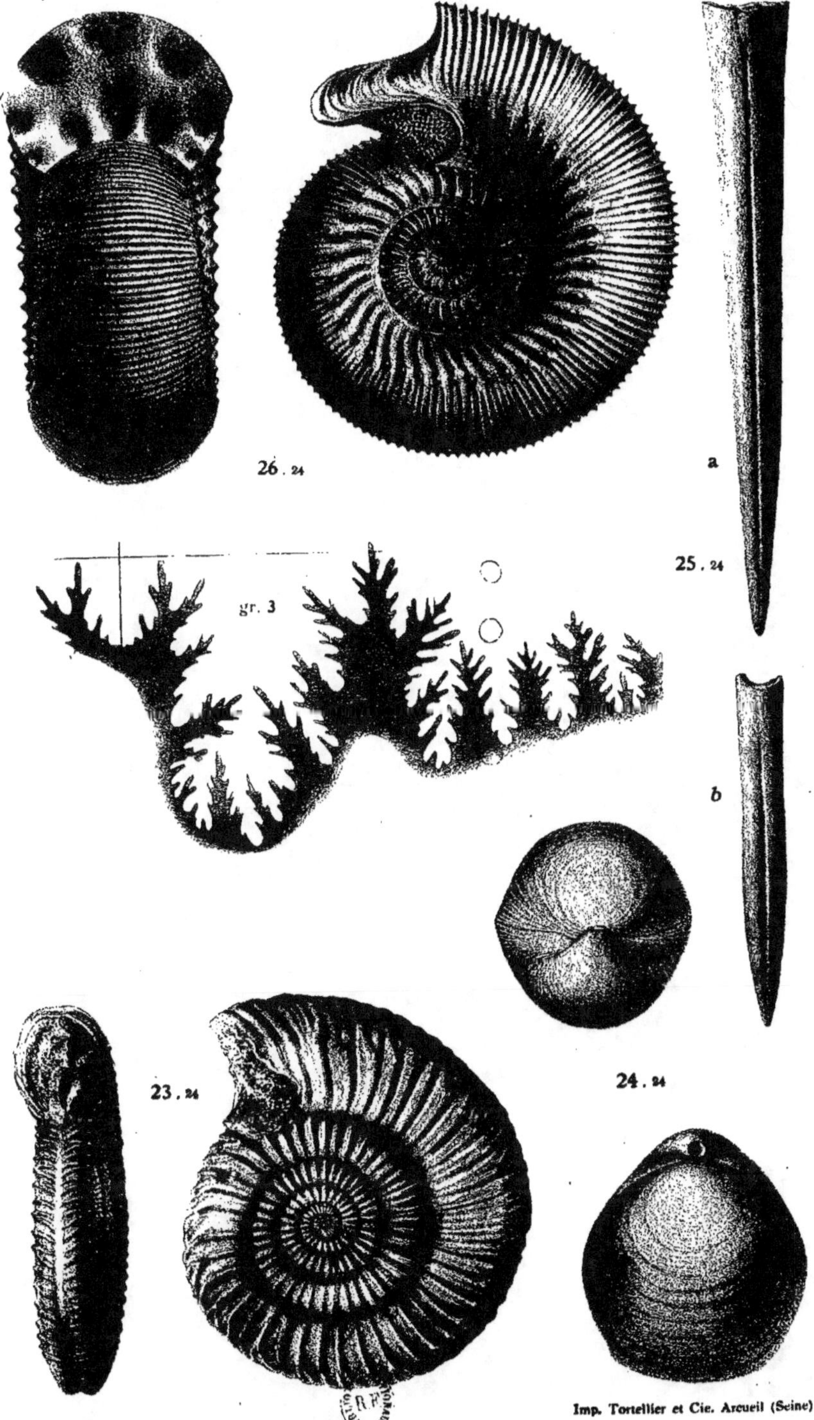

26. 24

gr. 3

25. 24

a

b

23. 24

24. 24

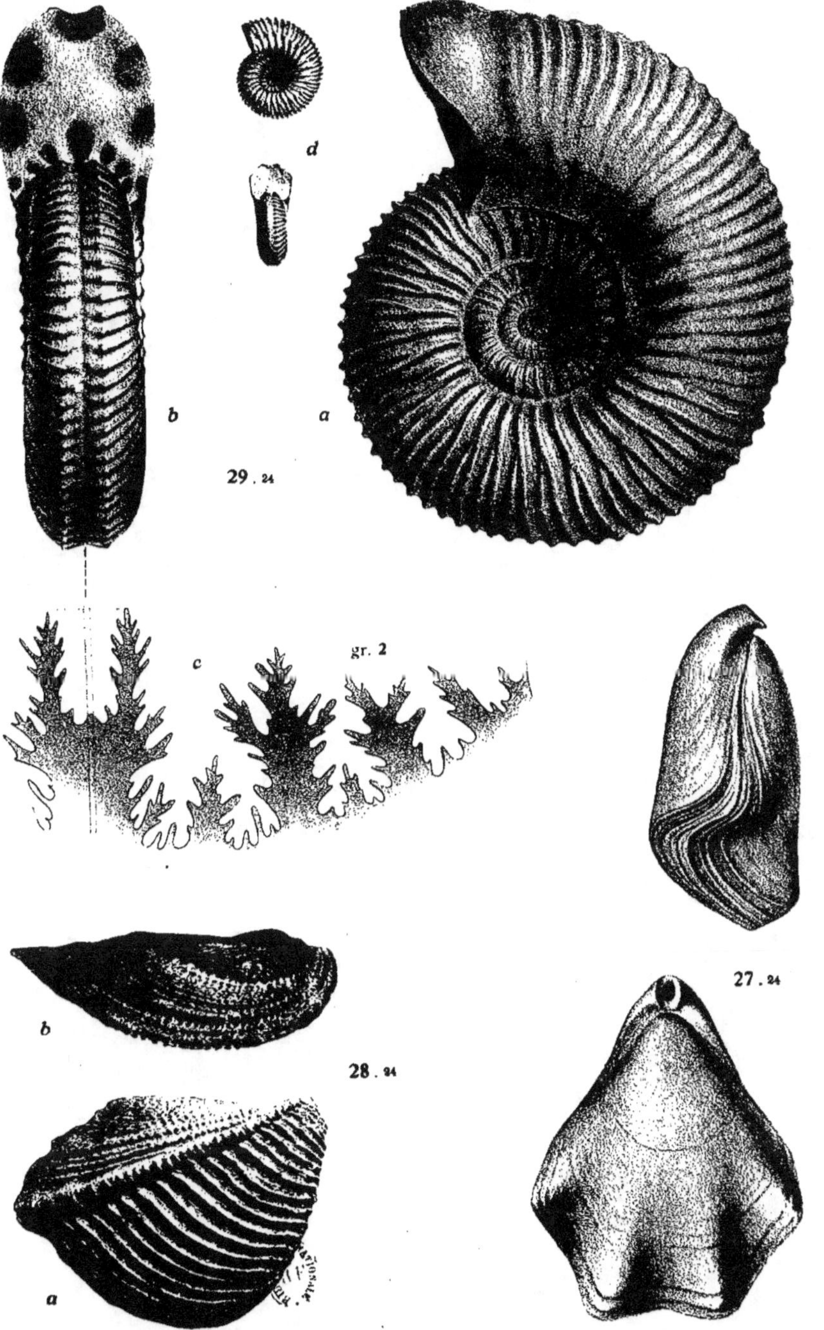

Imp. Tortellier et Cie. Arcueil (Seine)

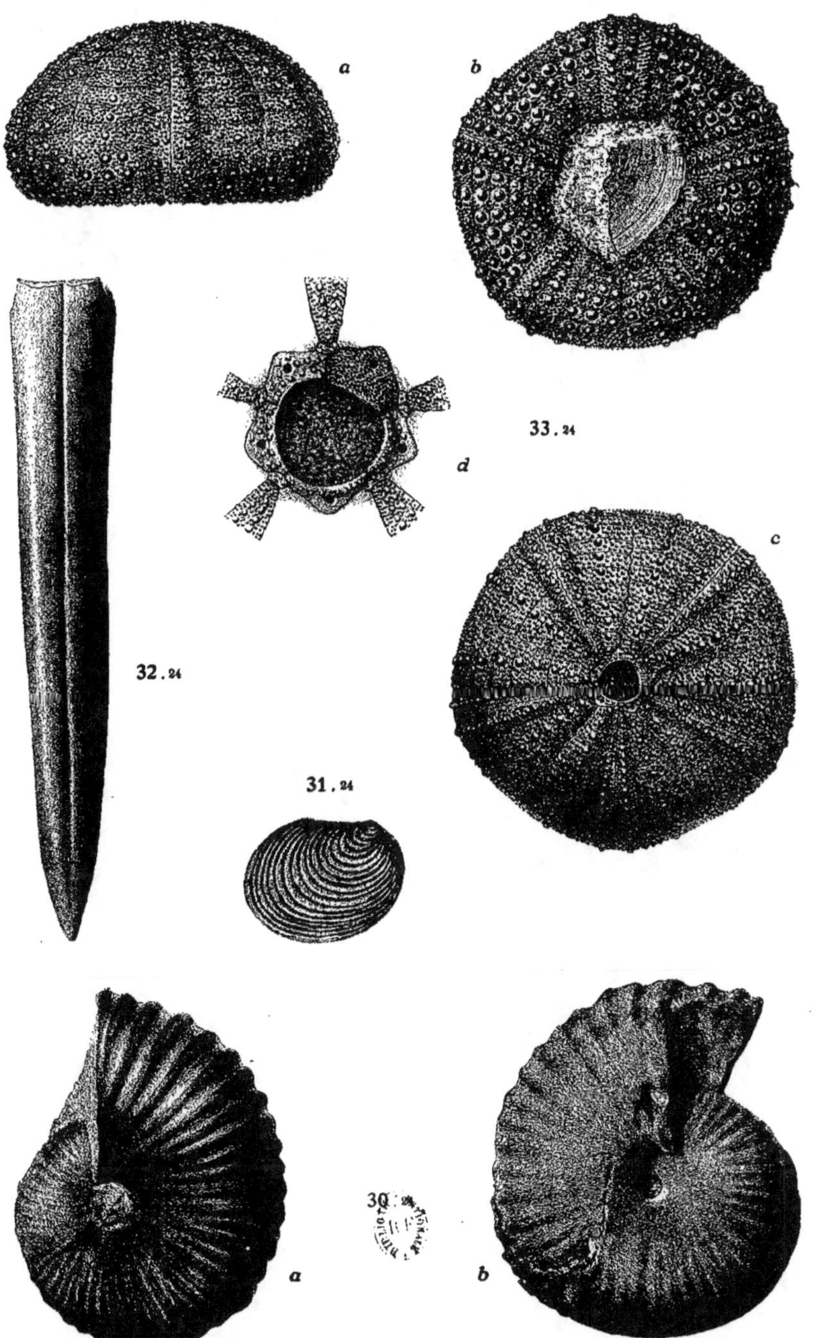

Imp. Tortellier et Cie. Arcueil (Seine)

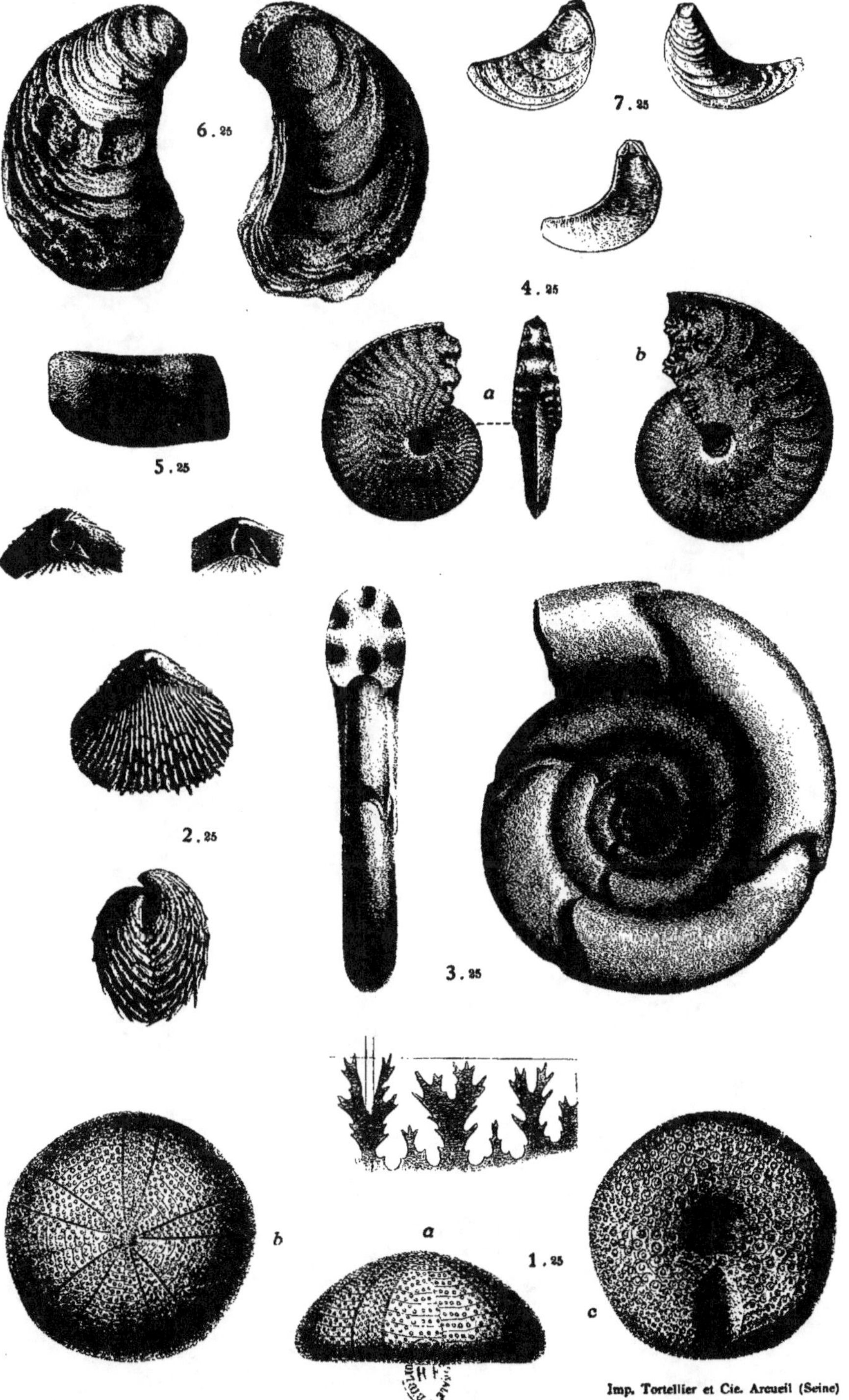

6.25

7.25

4.25

a

b

5.25

2.25

3.25

b

a

1.25

c

Imp. Tortellier et Cie. Arcueil (Seine)

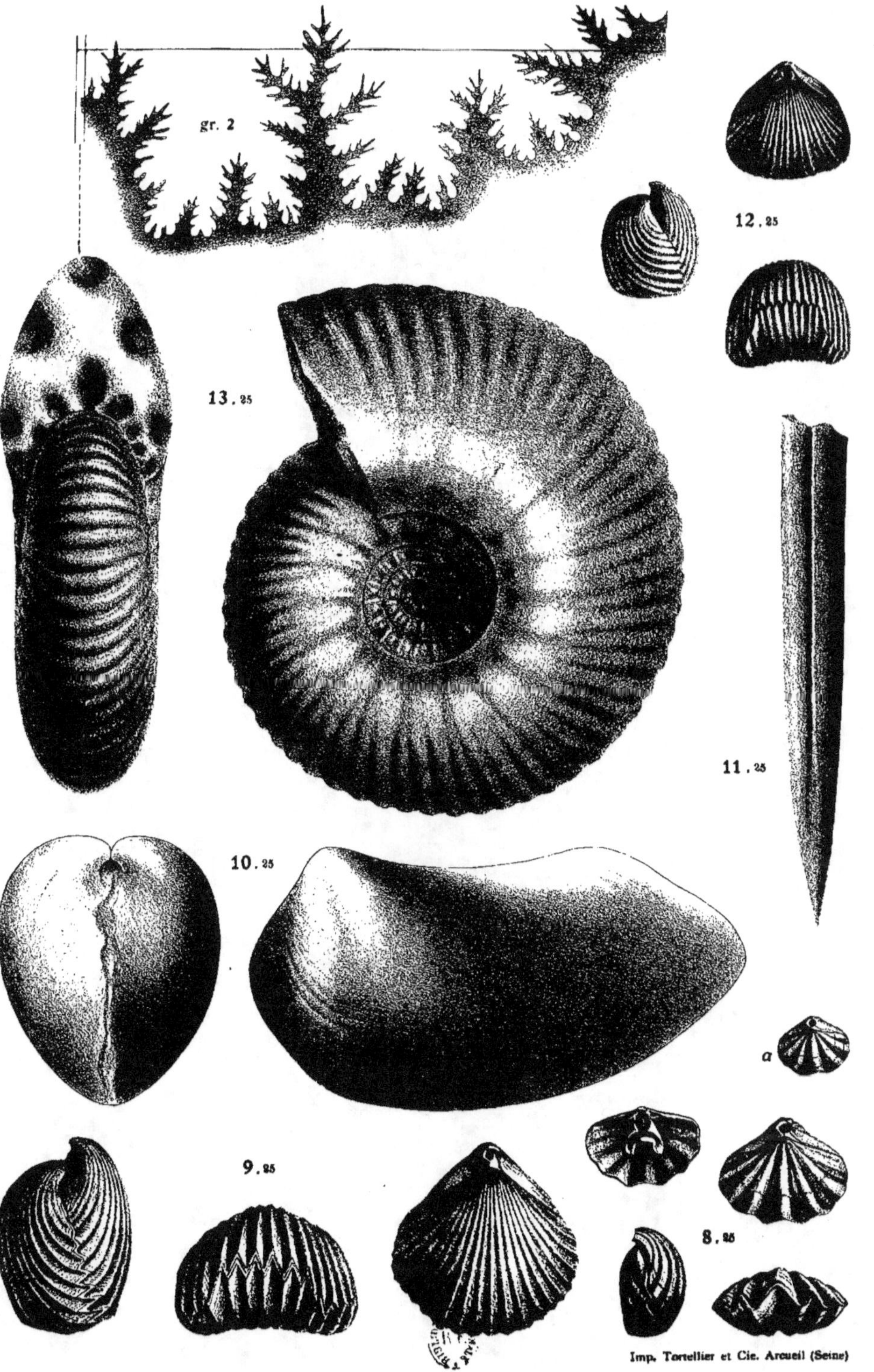

gr. 2

12. 25

13. 25

11. 25

10. 25

9. 25

8. 25

a

Imp. Tortellier et Cie. Arcueil (Seine)

80

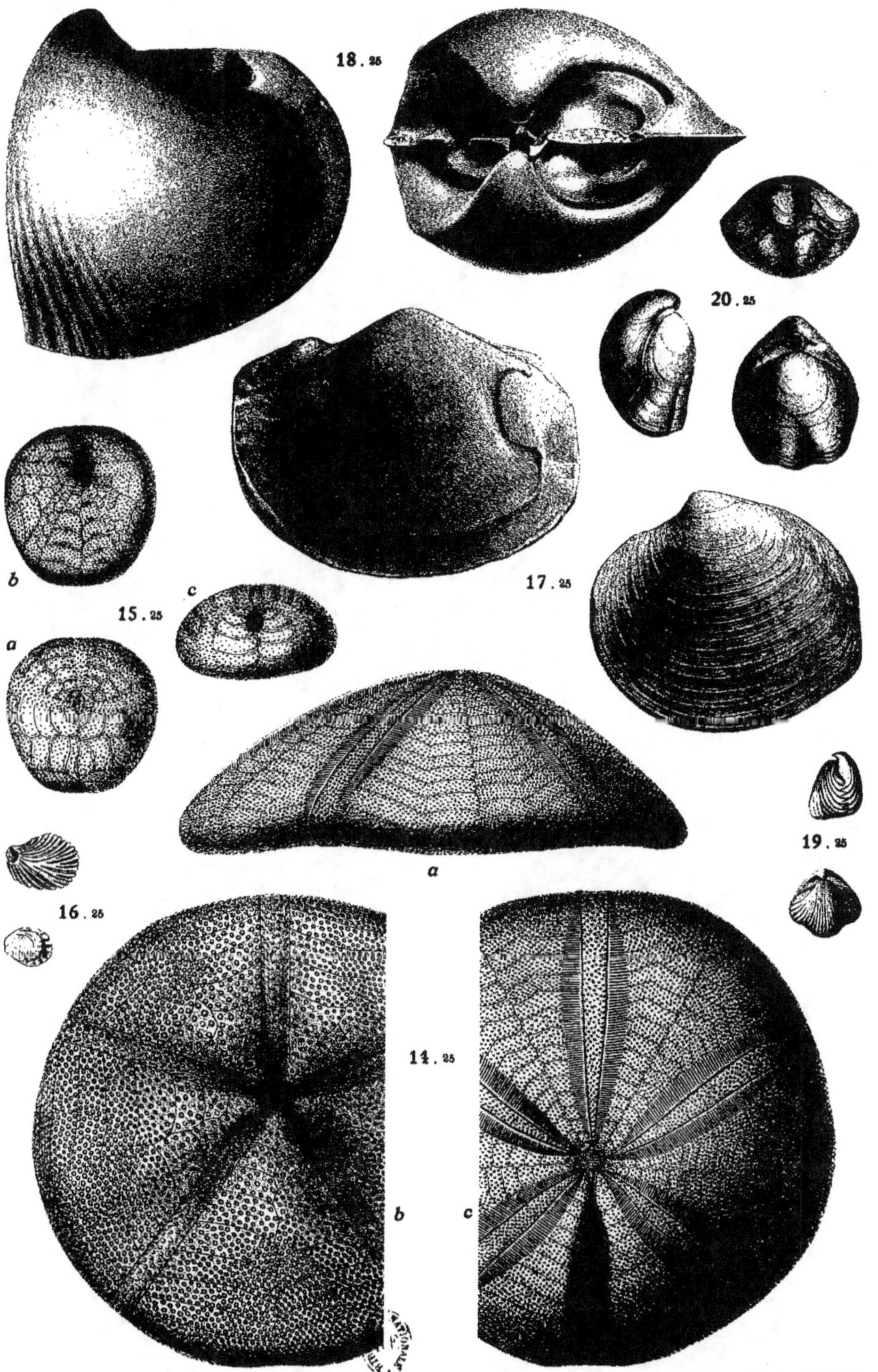
18.25
20.25
b
c
15.25
a
17.25
16.25
a
b
c
14.25
19.25

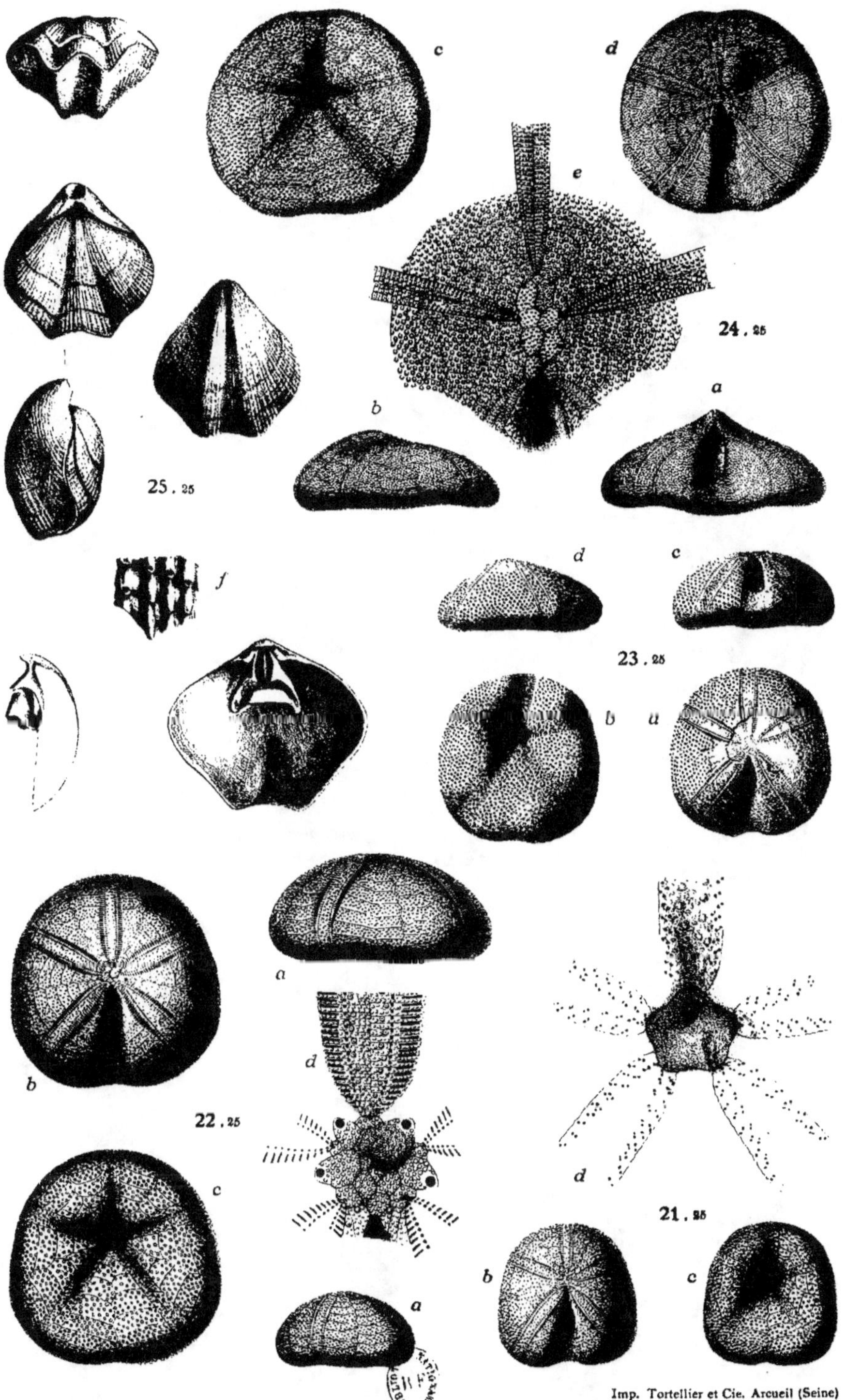

c
d
e
24.25
b
a
25.25
f
d
c
23.25
b
u
a
b
d
d
22.25
c
21.25
b
c
a
Imp. Tortellier et Cie. Arcueil (Seine)

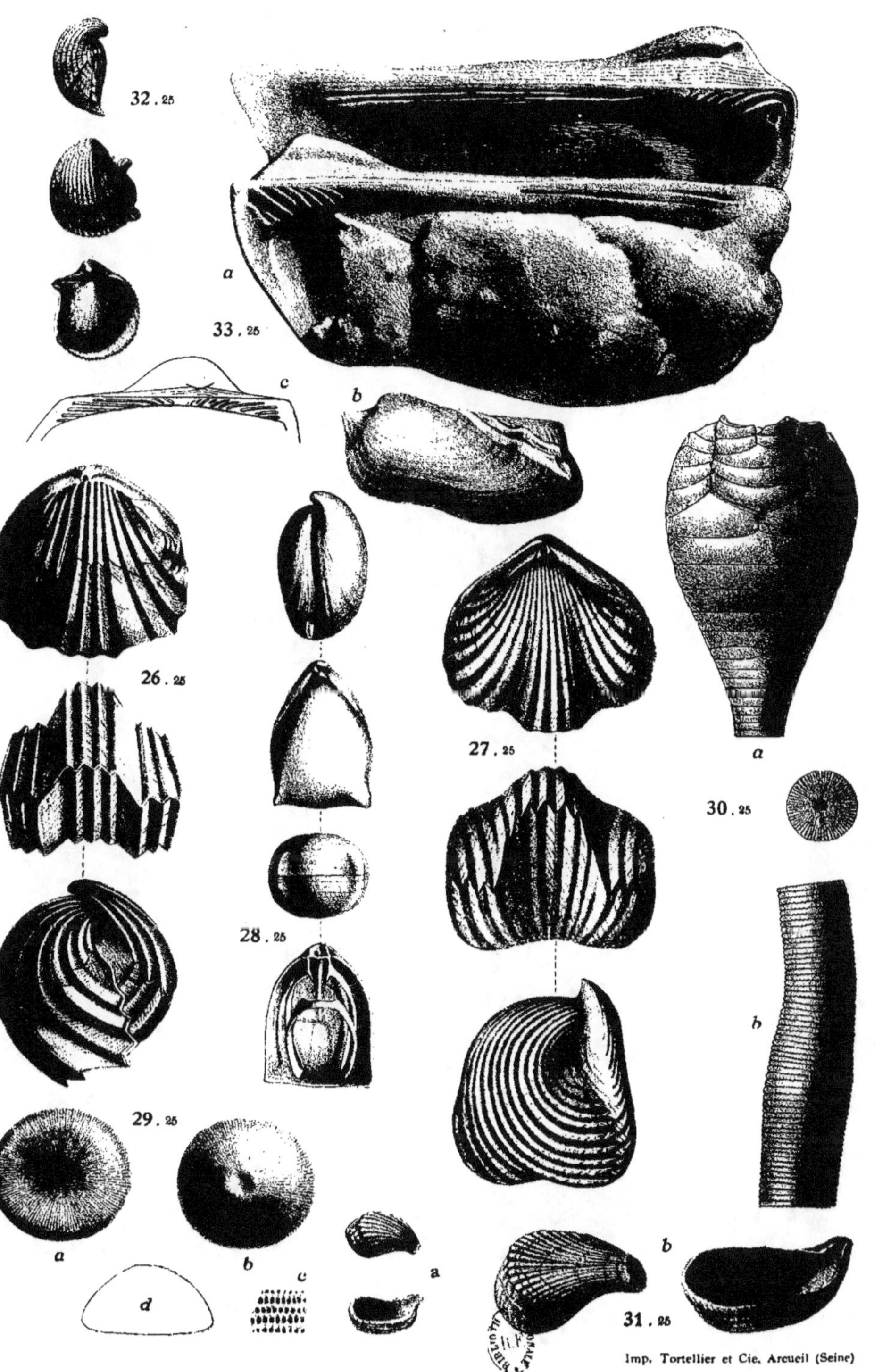

32.25
33.25
a
b
c
26.25
27.25
28.25
29.25
a
b
c
d
a
b
30.25
a
b
31.25
a
b
Imp. Tortellier et Cie. Arcueil (Seine)

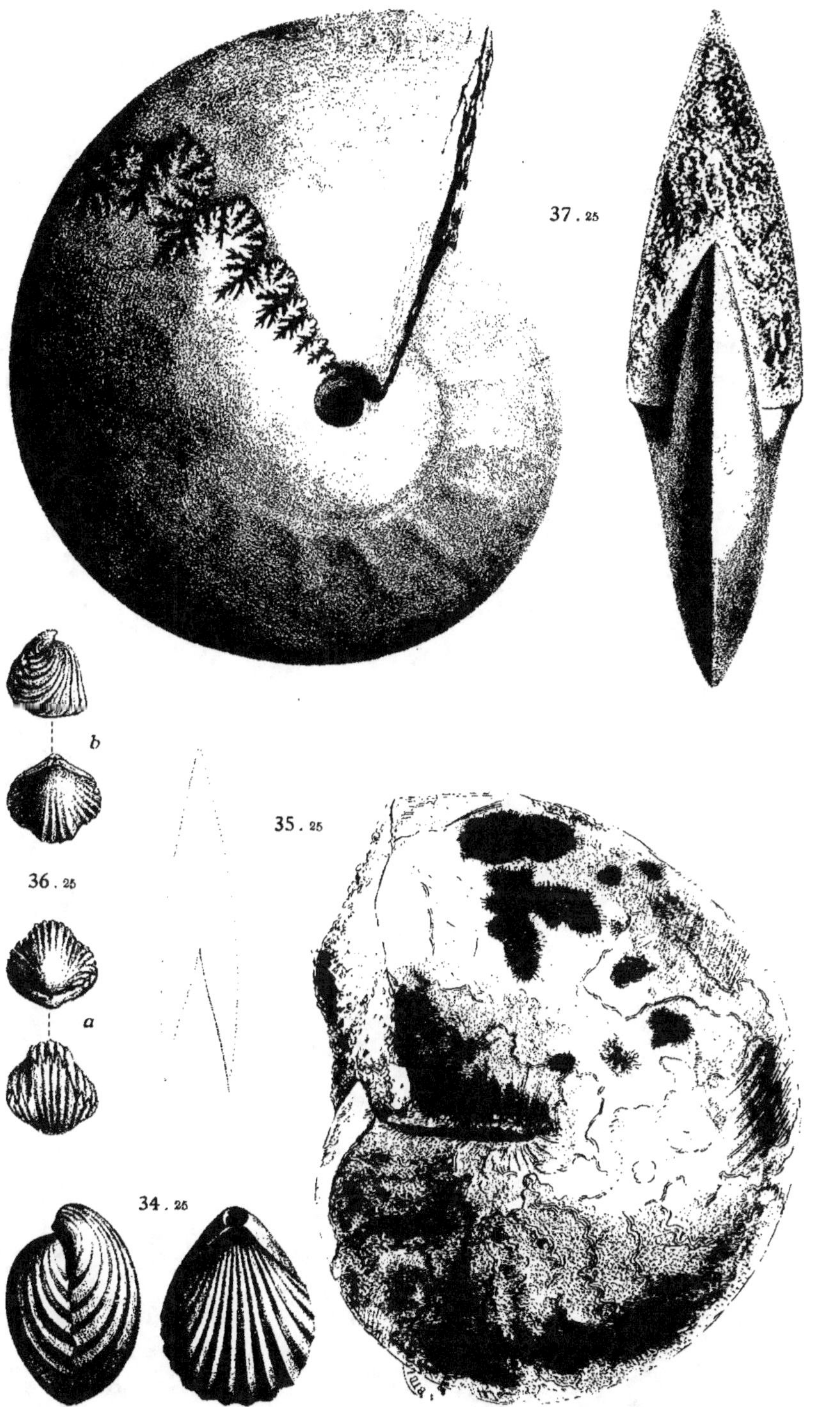

Imp. Tortellier et Cie. Arcueil (Seine)

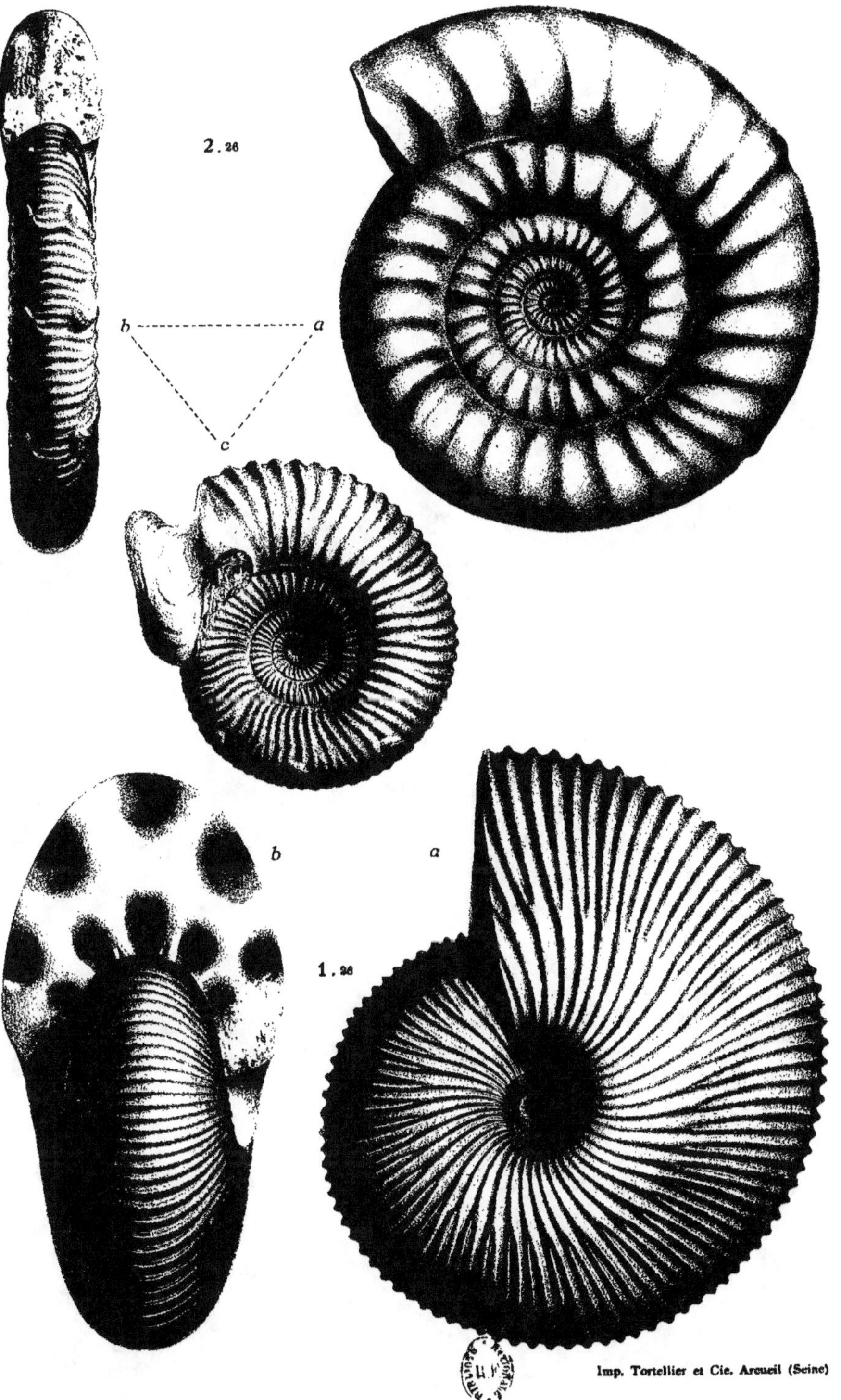

2.26
b
a
c
b
a
1.26

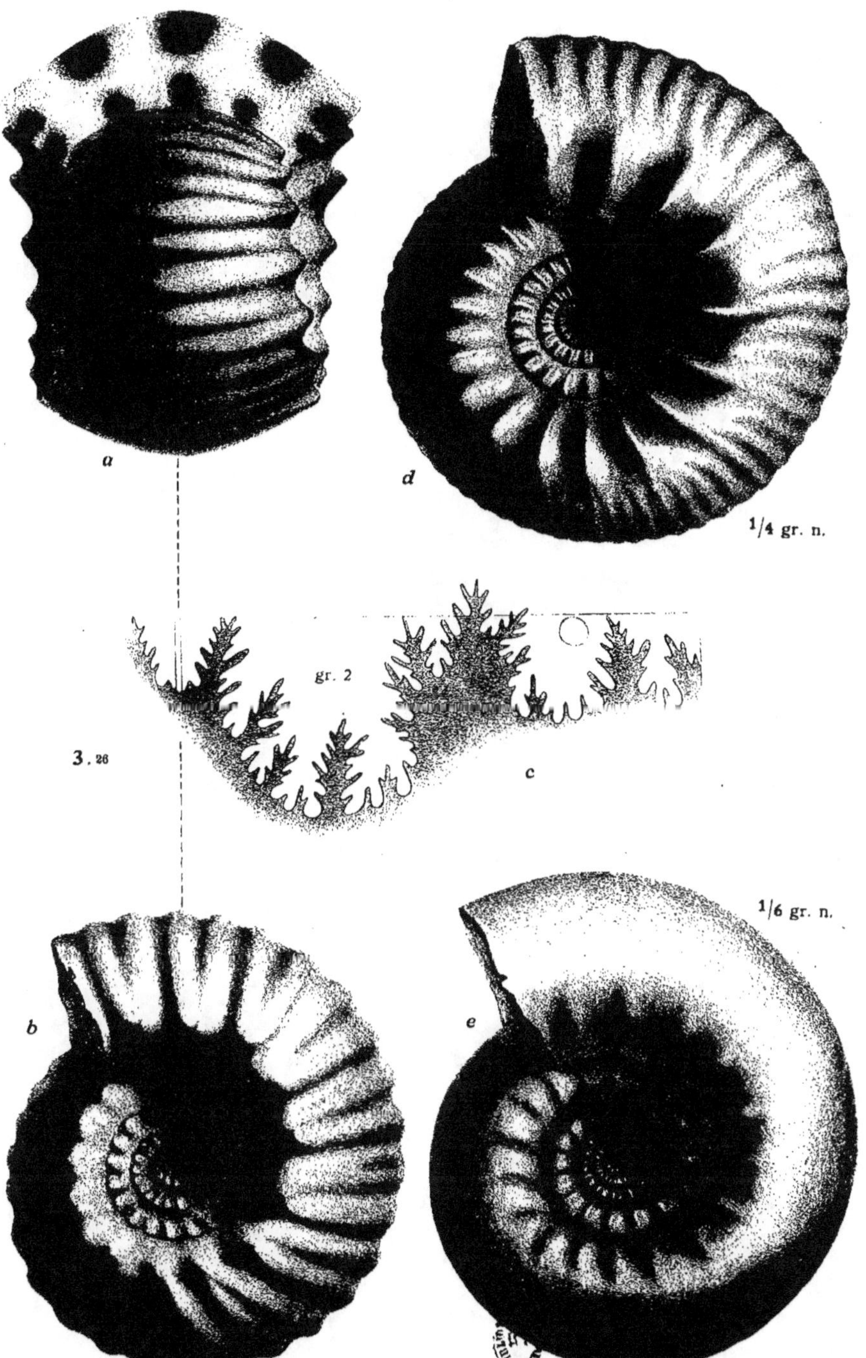

a
d
1/4 gr. n.
gr. 2
3 . 26
c
1/6 gr. n.
b
e
Imp. Tortellier et Cie. Arcueil (Seine)

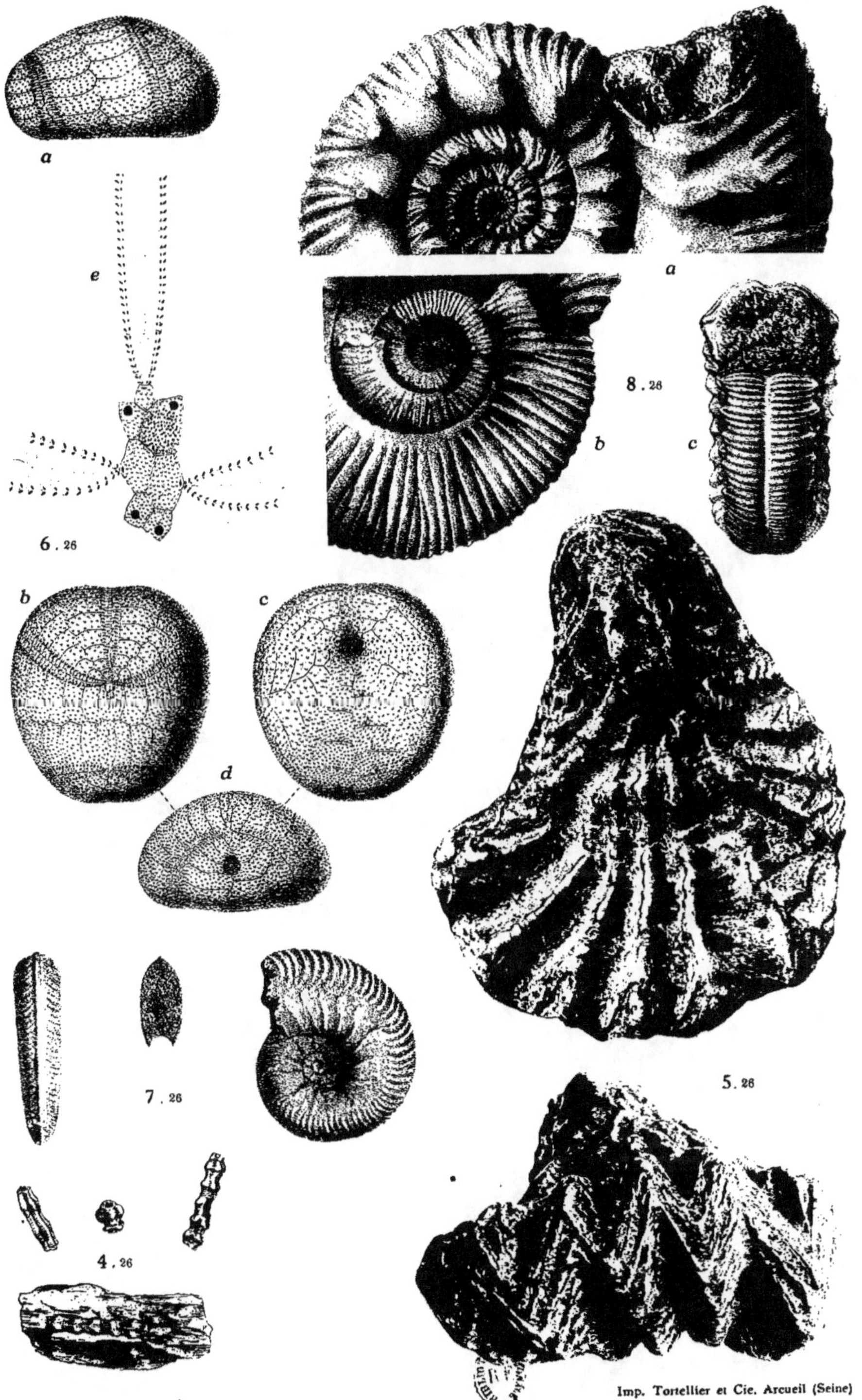

a
e
6 . 26
b
c
d
7 . 26
4 . 26
a
8 . 26
b
c
5 . 26

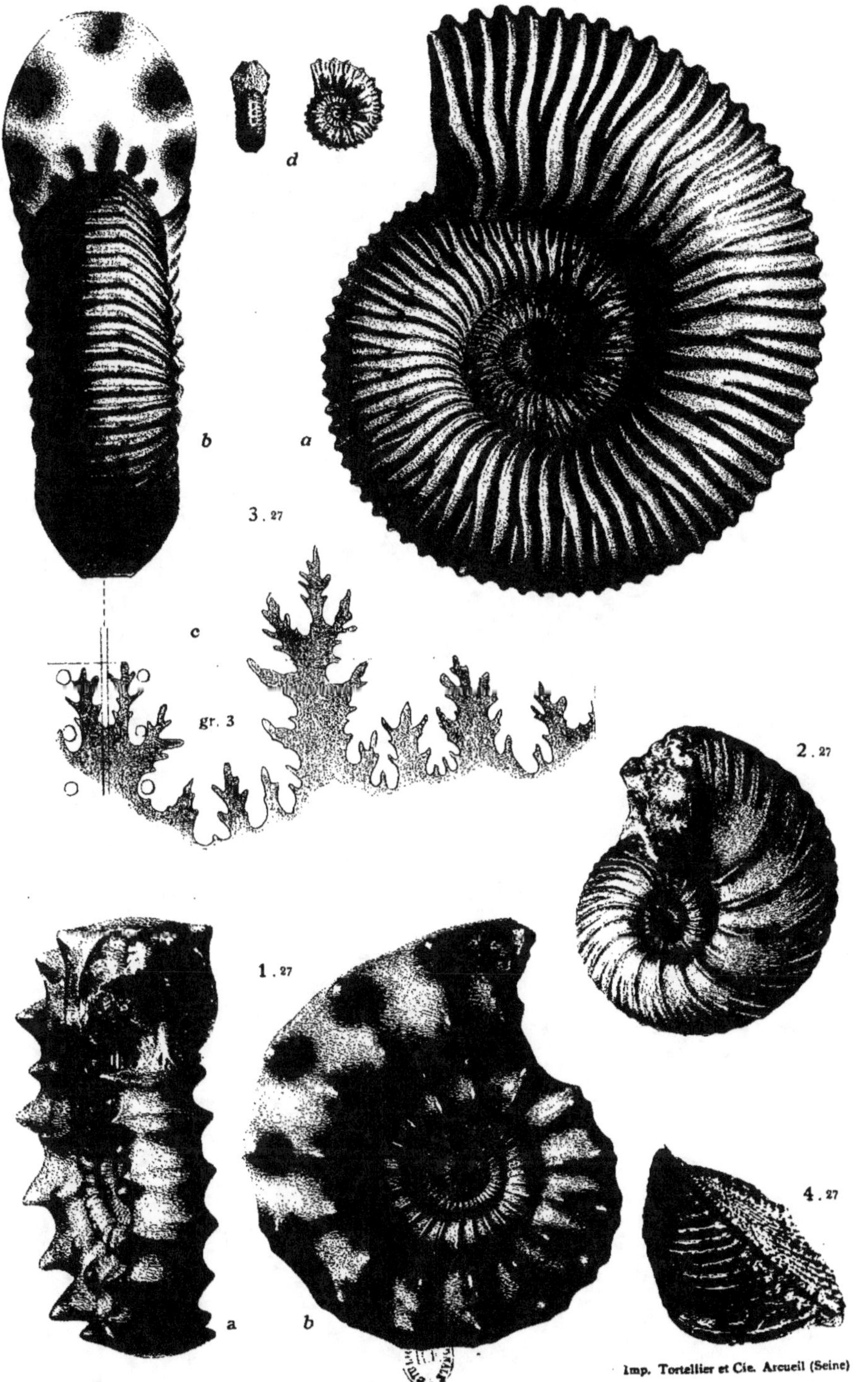

b
d
a
3.27
c
gr. 3
2.27
1.27
a
b
4.27

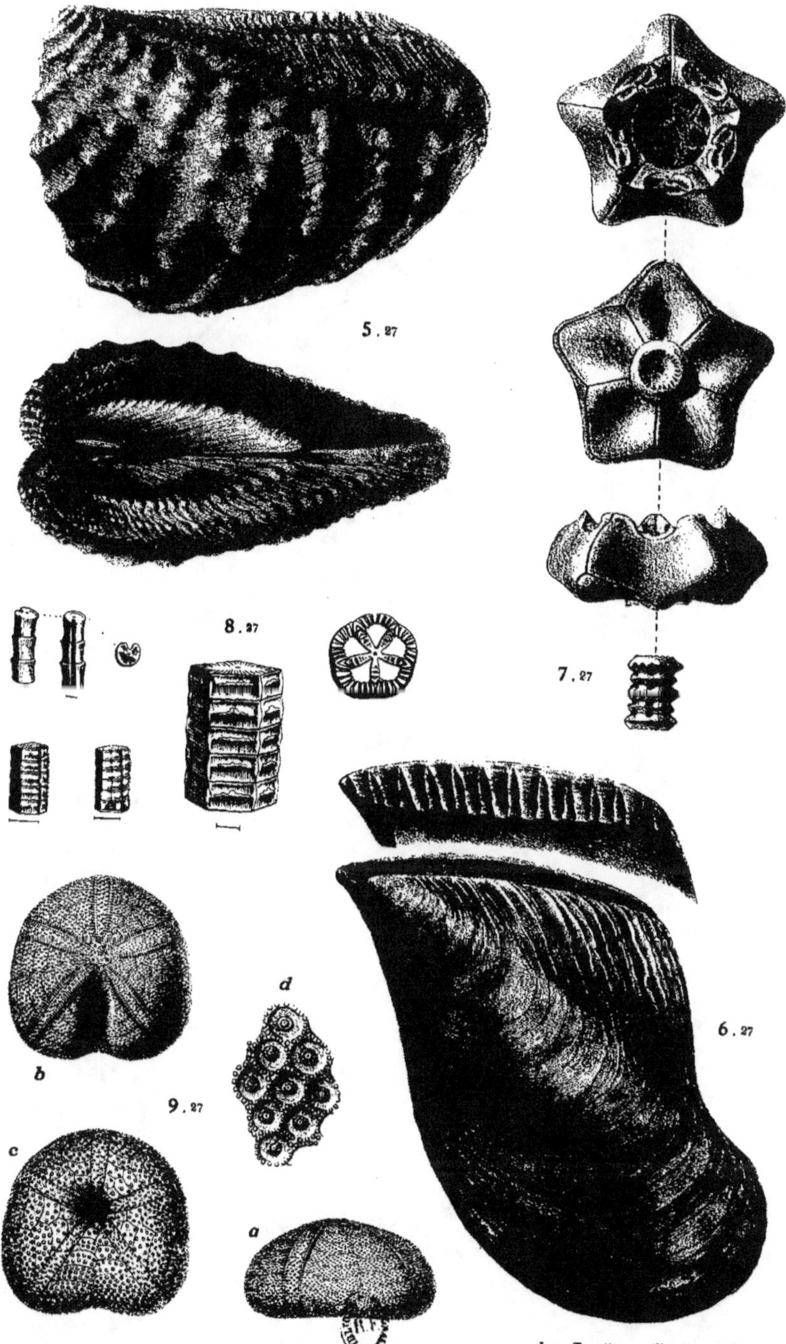

Imp. Tortellier et Cie. Arcueil (Seine)

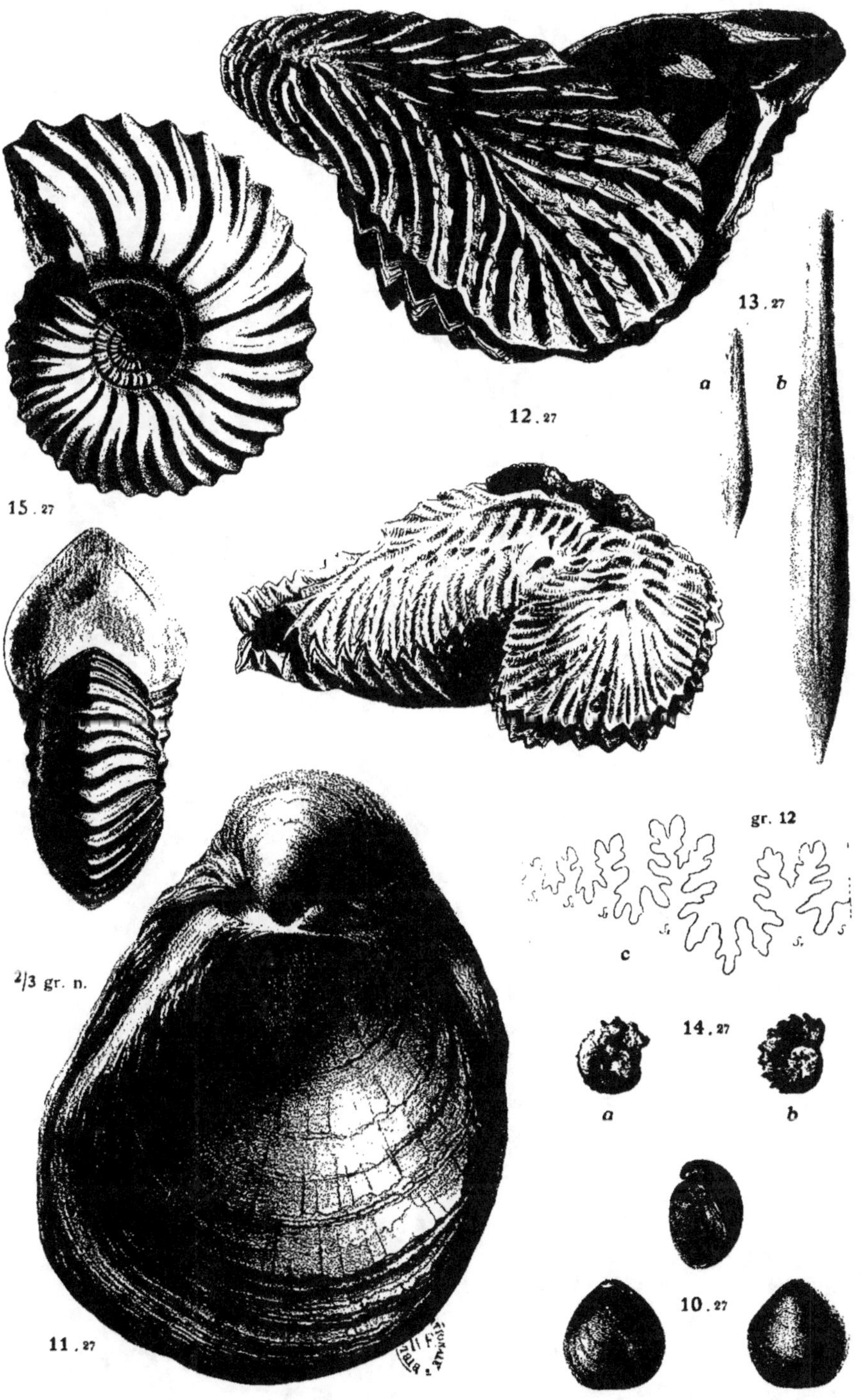

Imp. Tortellier et Cie. Arcueil (Seine)

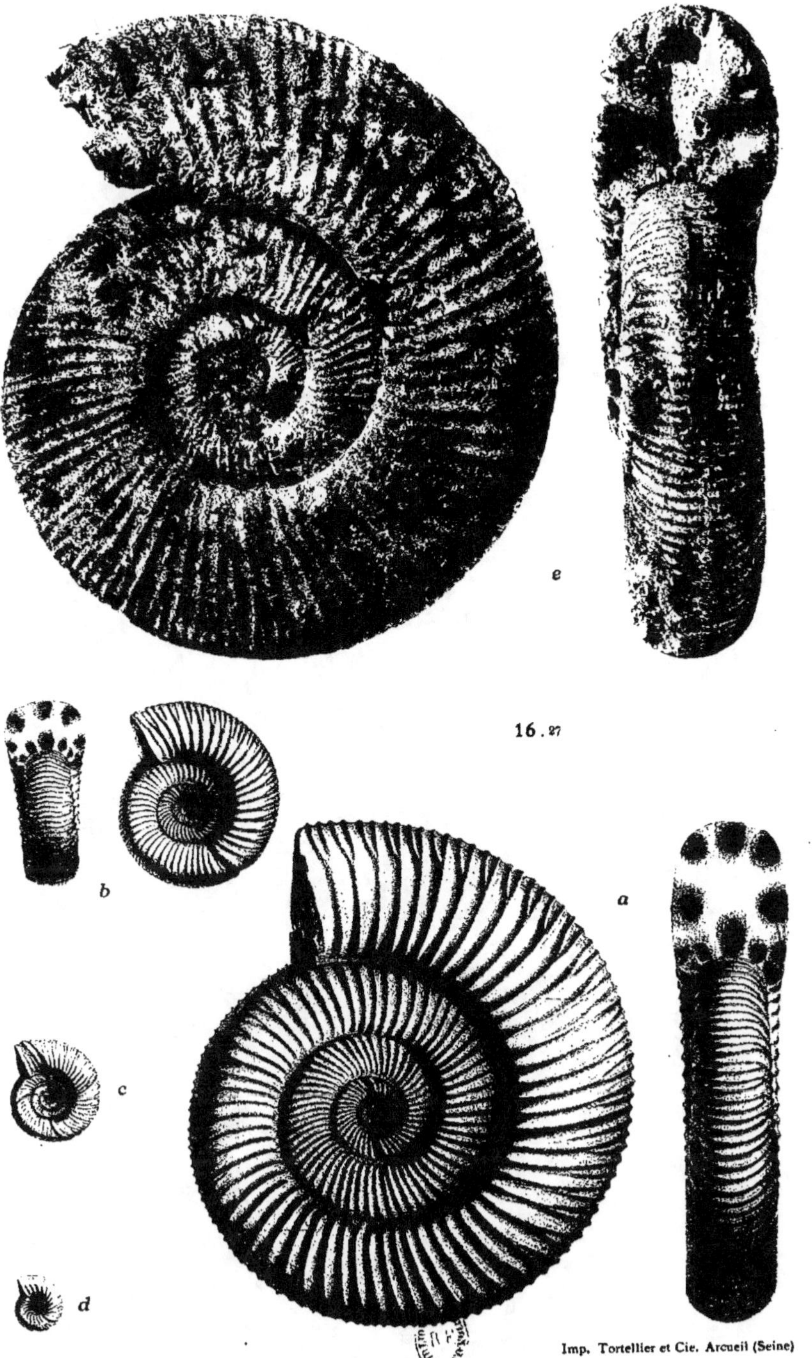

Imp. Tortellier et Cie. Arcueil (Seine)

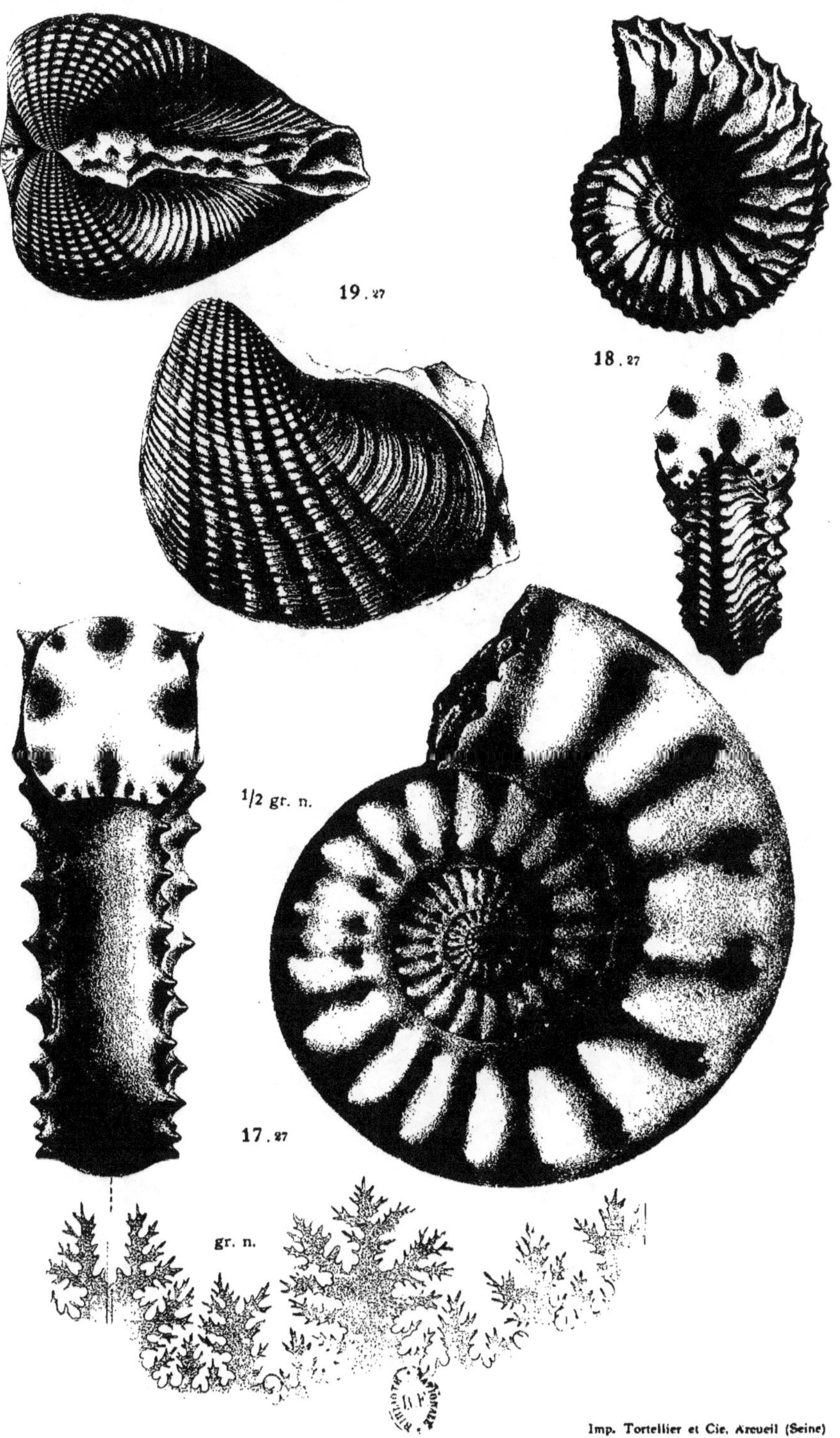

Imp. Tortellier et Cie, Arcueil (Seine)

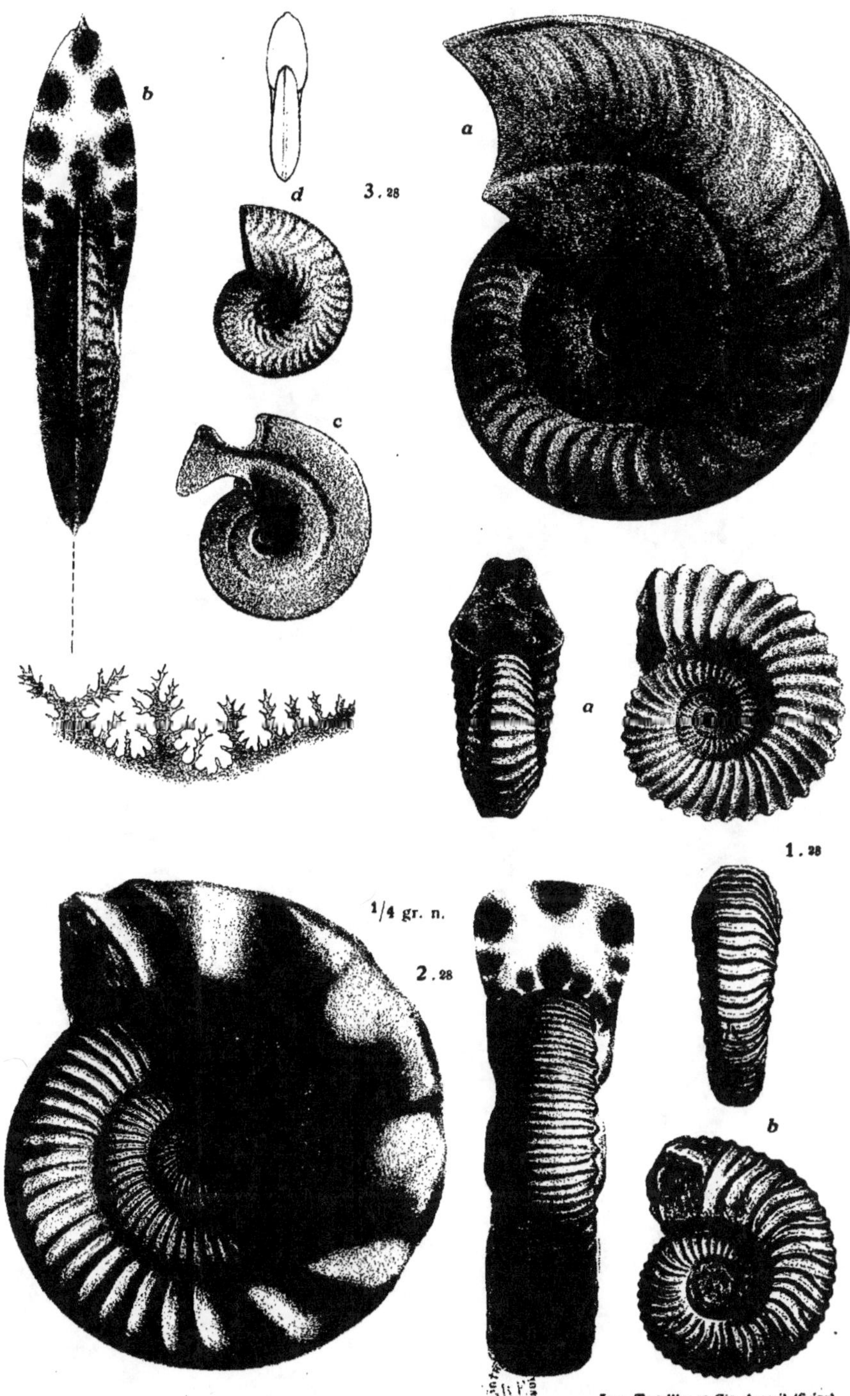

Imp. Tortellier et Cie. Arcueil (Seine)

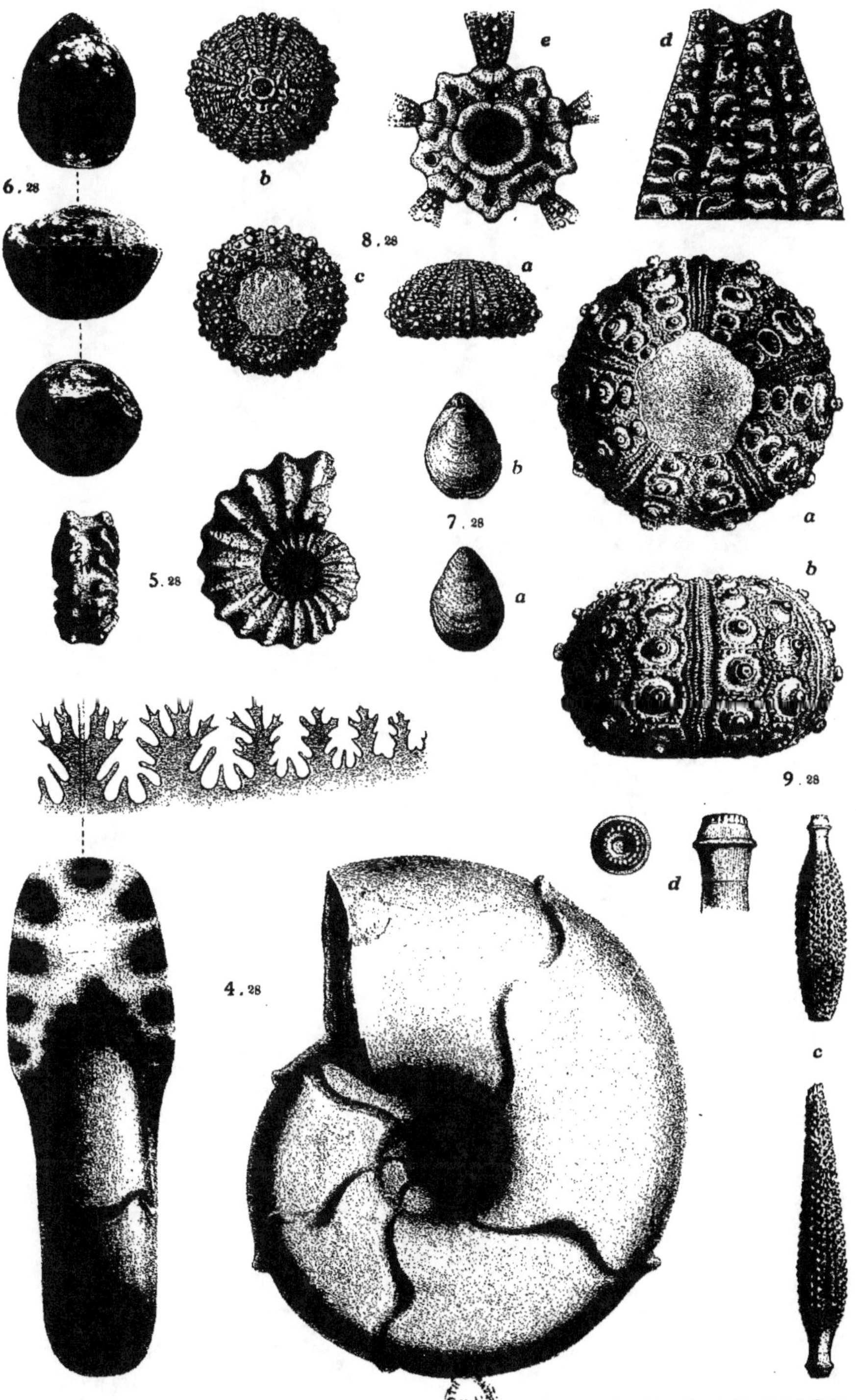

6.28
b
c
e
d
8.28
a
a
b
7.28
a
b
9.28
d
c
5.28
4.28

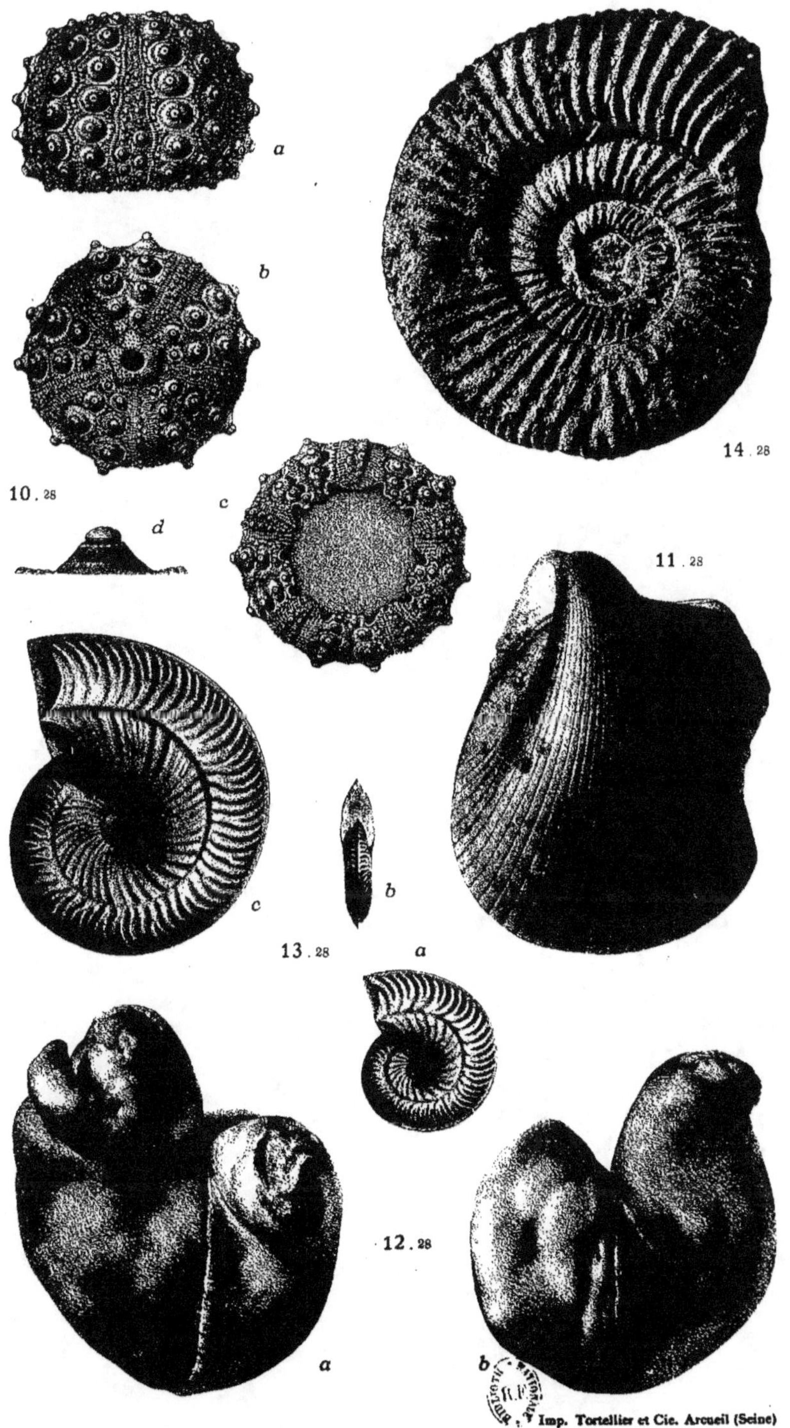

a
b
10.28
d
c
14.28
11.28
c
b
13.28
a
12.28
a
b
Imp. Tortellier et Cie. Arcueil (Seine)

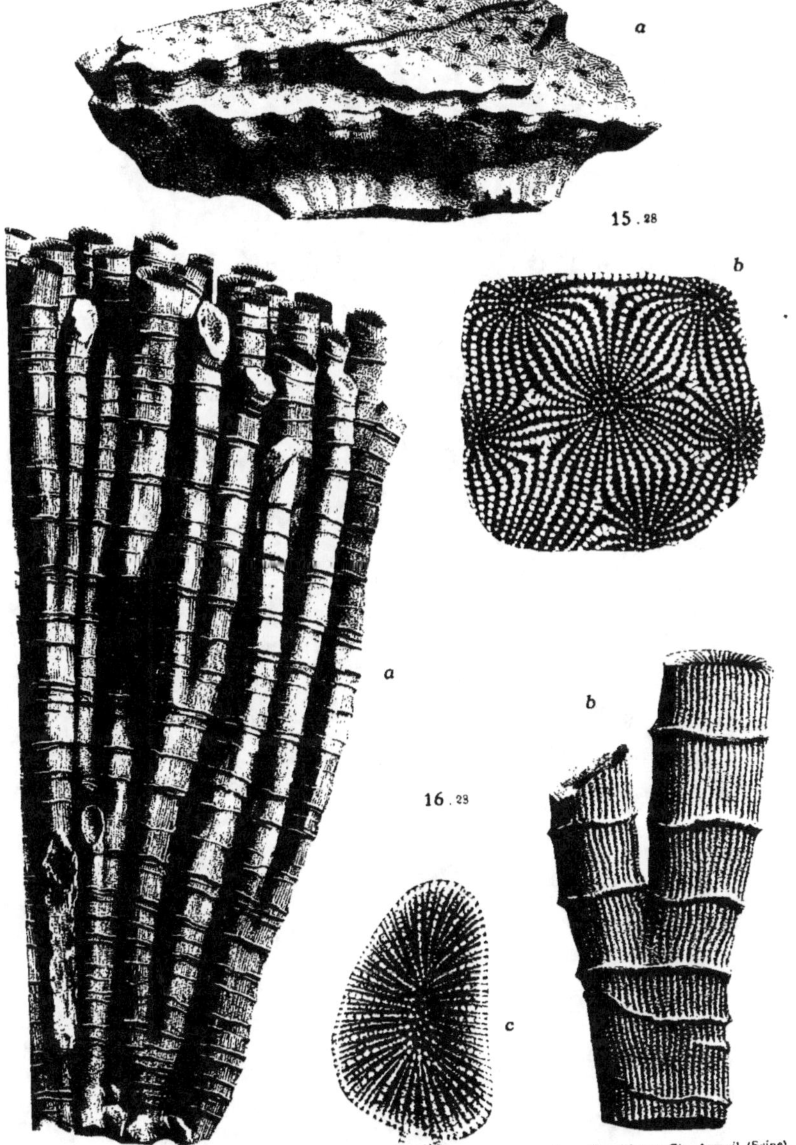

Imp. Tortellier et Cie. Arcueil (Seine)

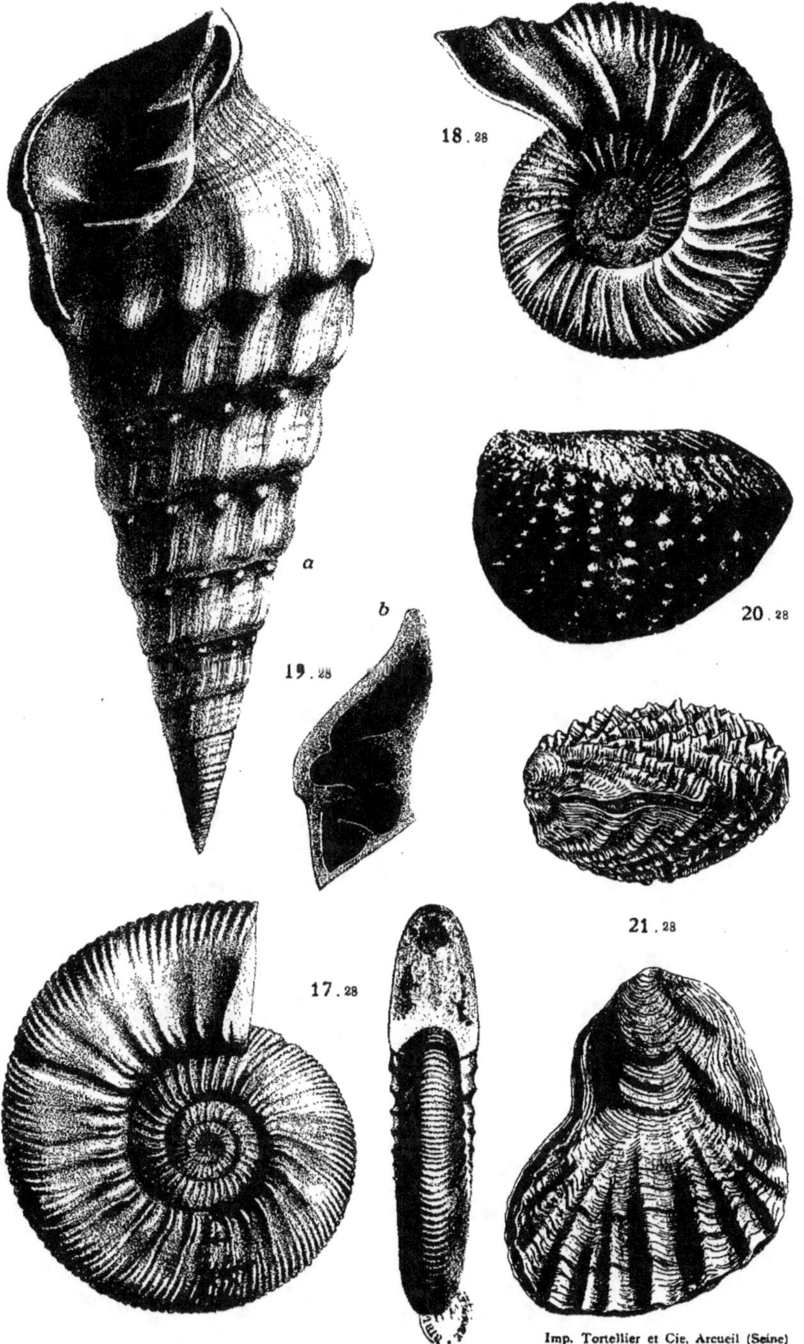

Imp. Tortellier et Cie, Arcueil (Seine)

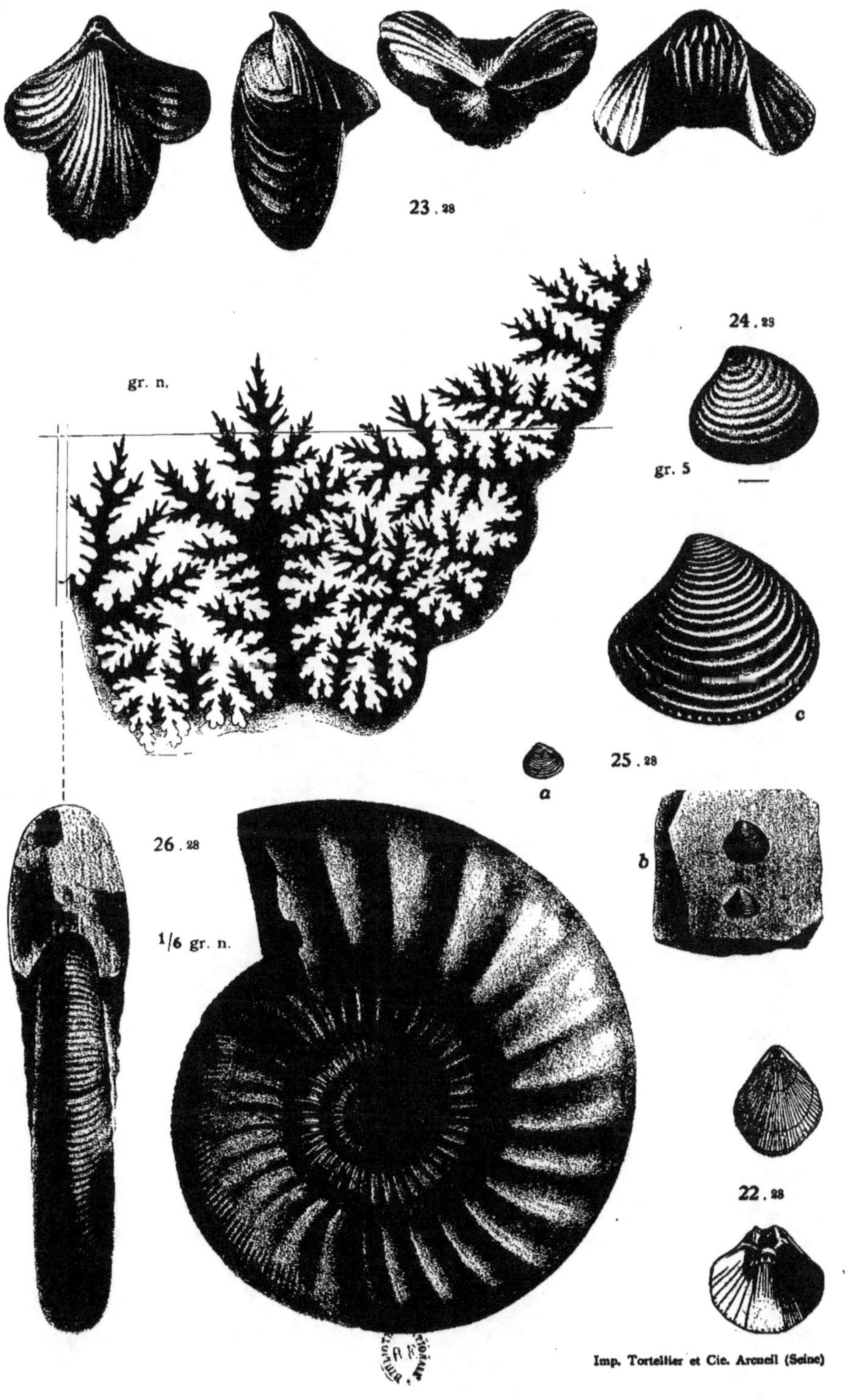

23 . 28

gr. n.

24 . 23

gr. 5

c

25 . 28

a

b

26 . 28

1/6 gr. n.

22 . 28

Imp. Tortellier et Cie. Arcueil (Seine)

88

1 . 29

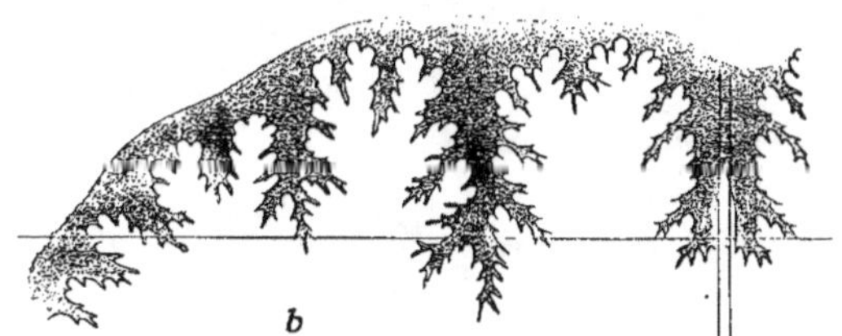

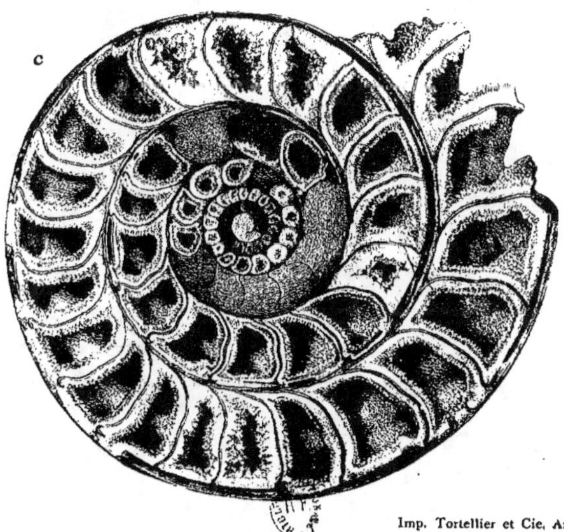

Imp. Tortellier et Cie, Arcueil (Seine)

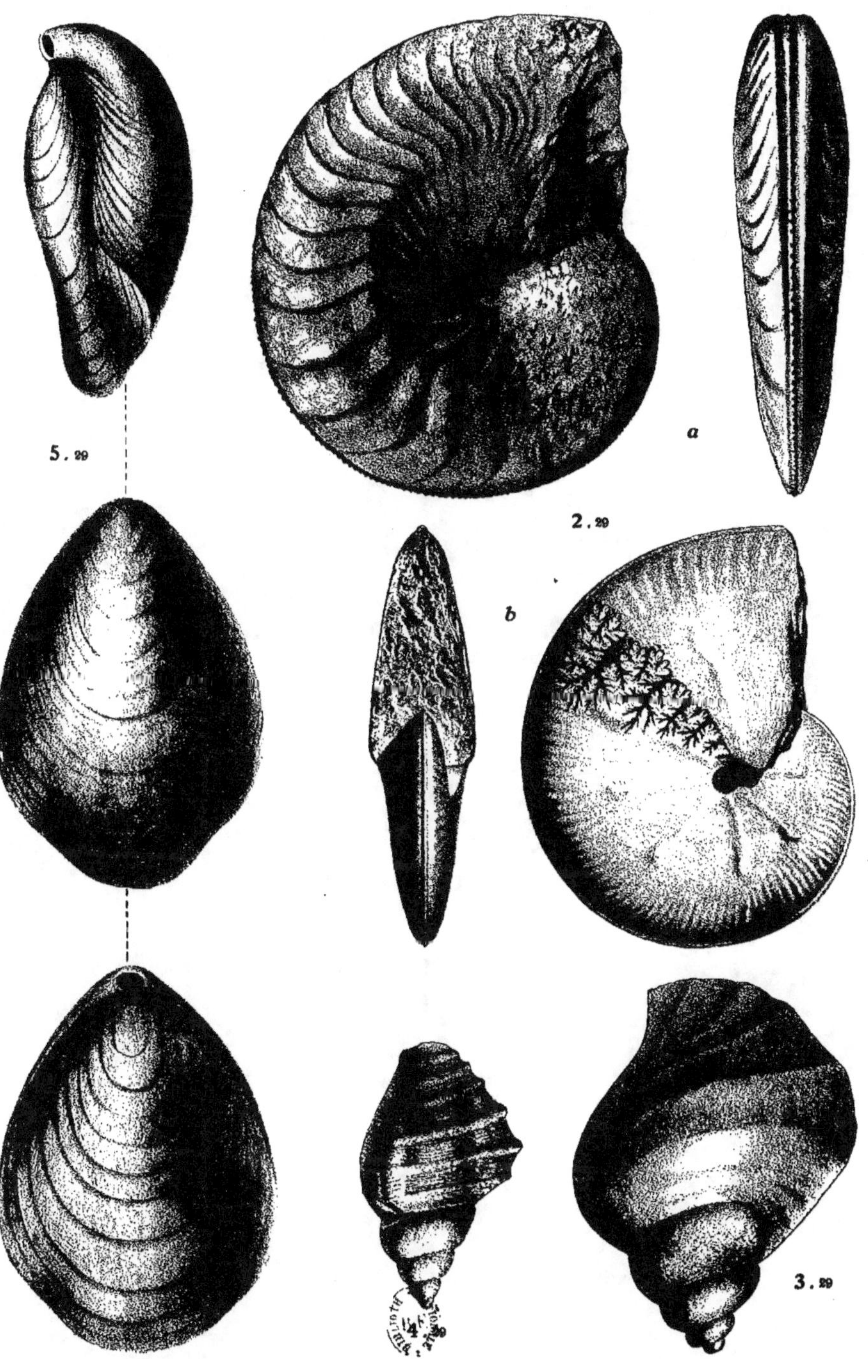

Imp. Tortellier et Cie. Arcueil (Seine)

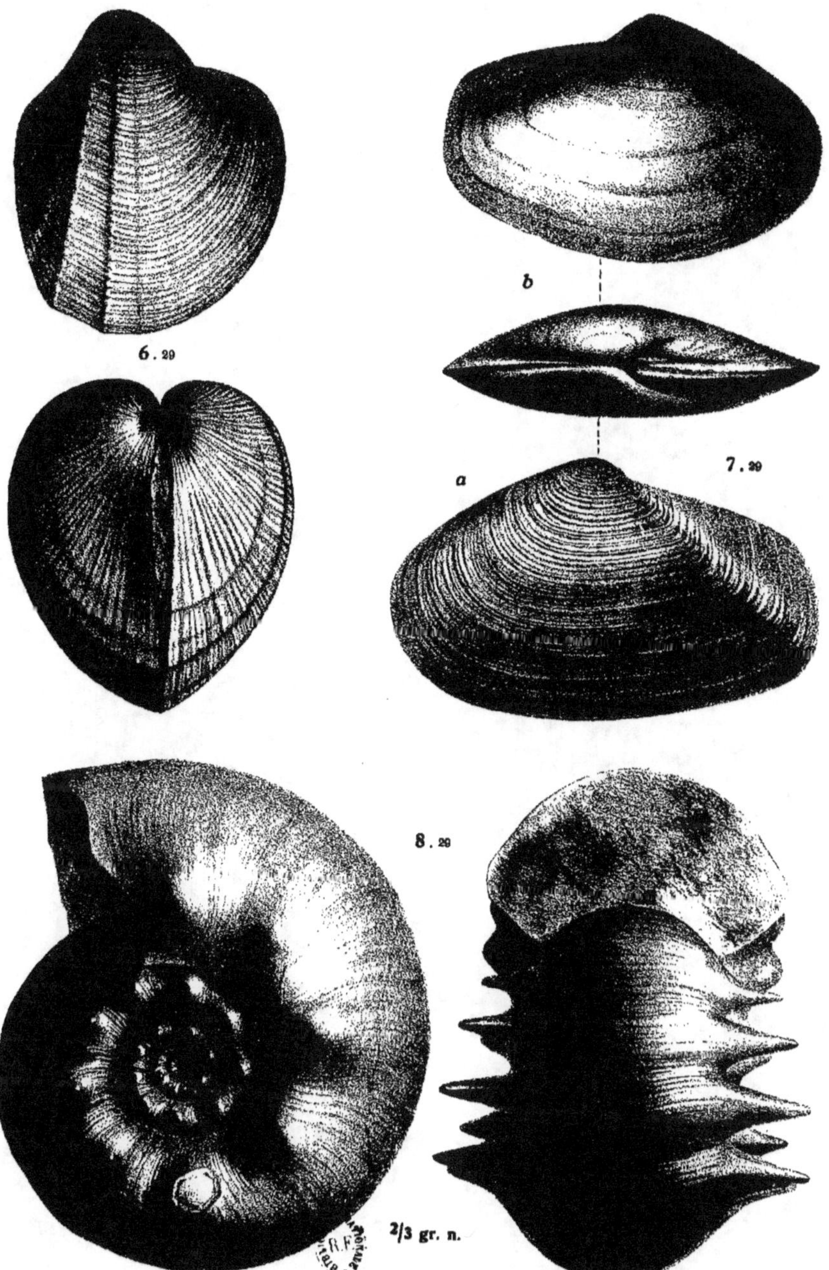
6.29
b
a
7.29
8.29
2/3 gr. n.
Imp. Tortellier et Cie. Arcueil (Seine)

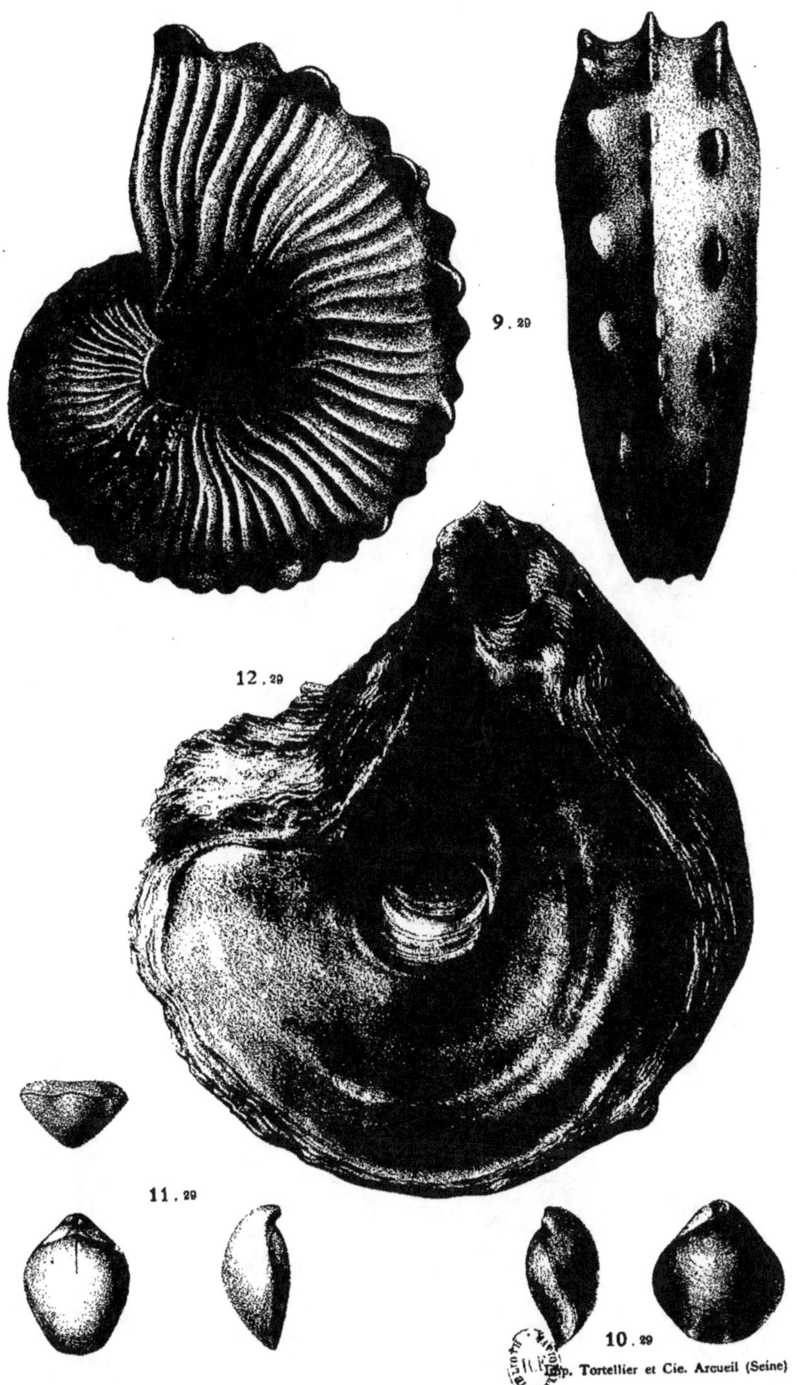

9.29
12.29
11.29
10.29

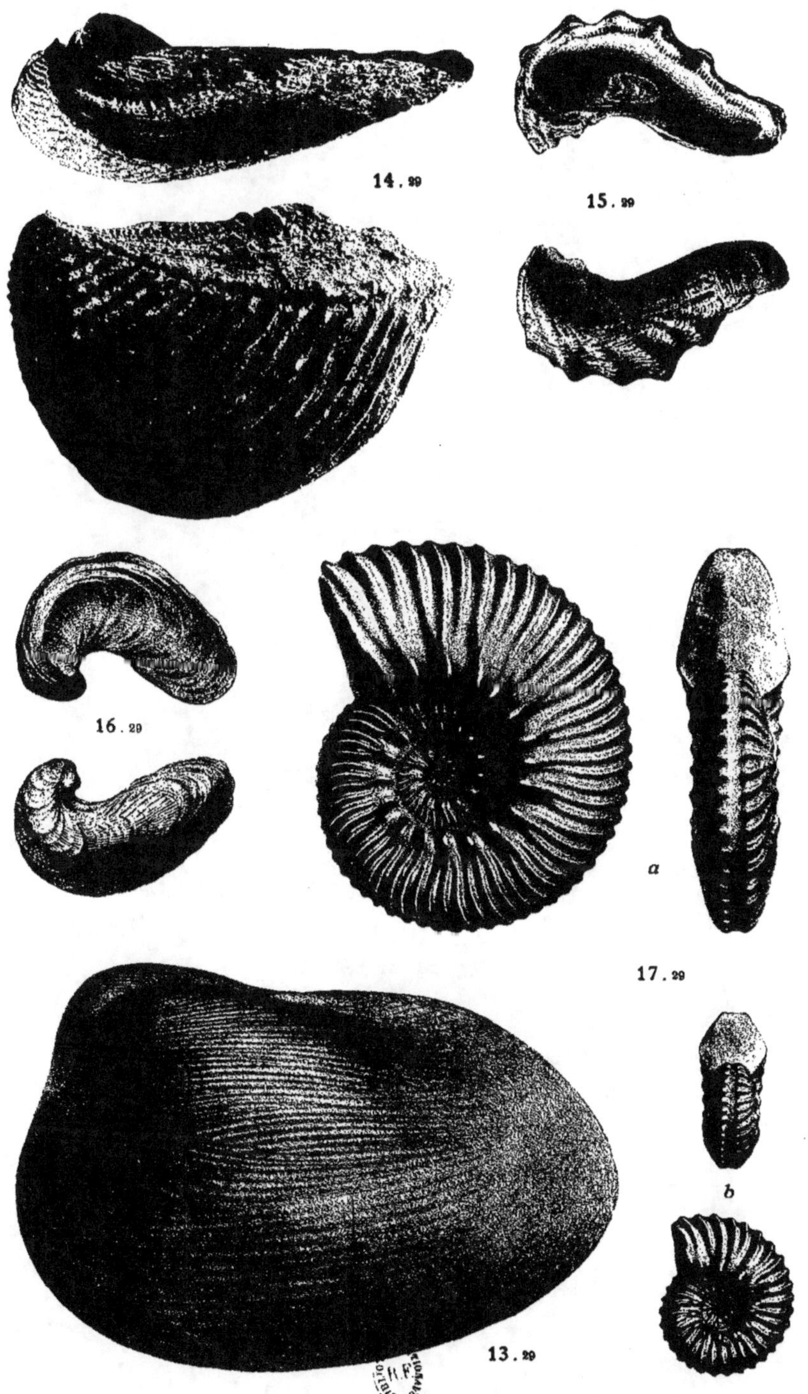

14. 29

15. 29

16. 29

17. 29

a

b

13. 29

Imp. Tortellier et Cie. Arcueil (Seine)

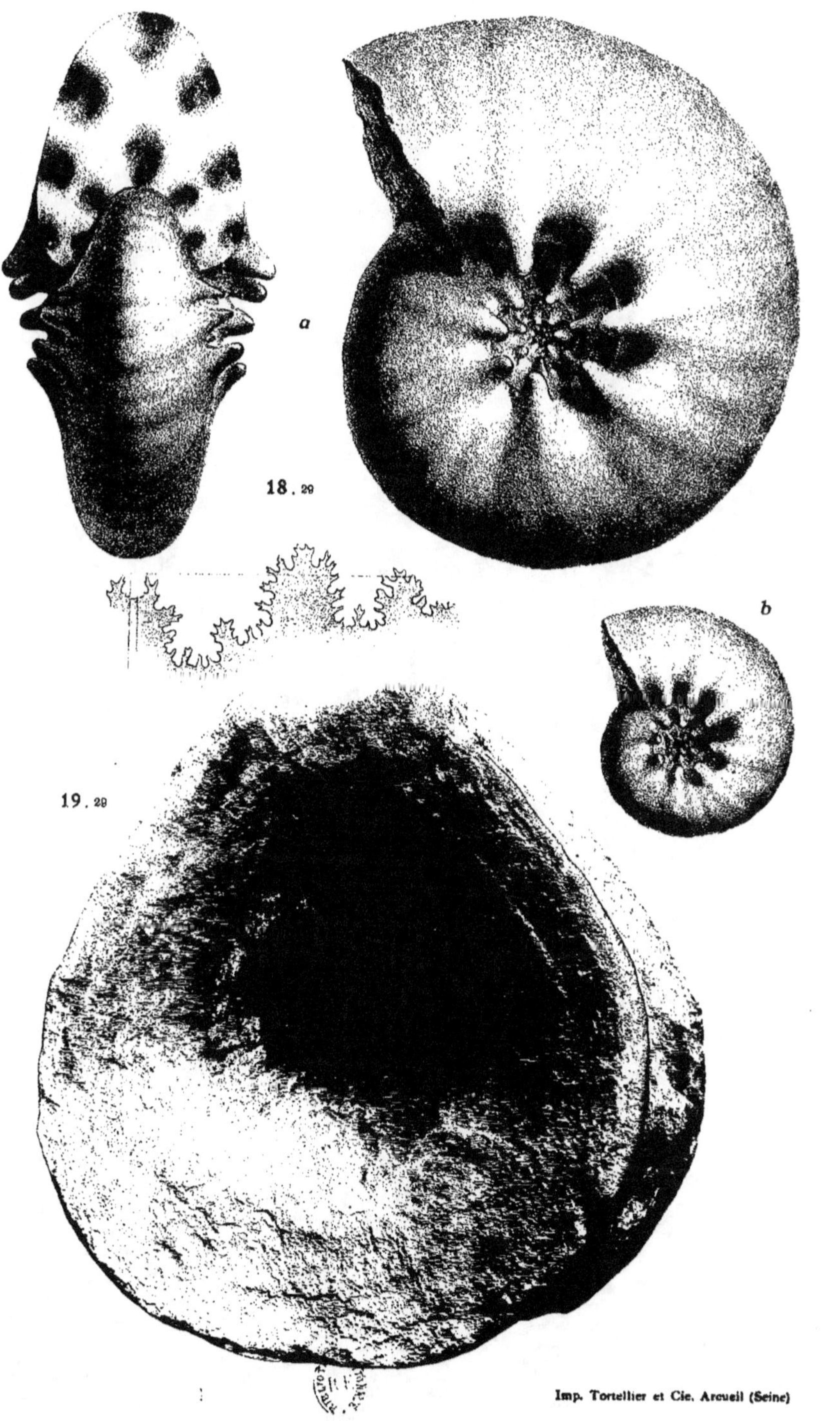

a
18. 29
b
19. 29
Imp. Tortellier et Cie. Arcueil (Seine)

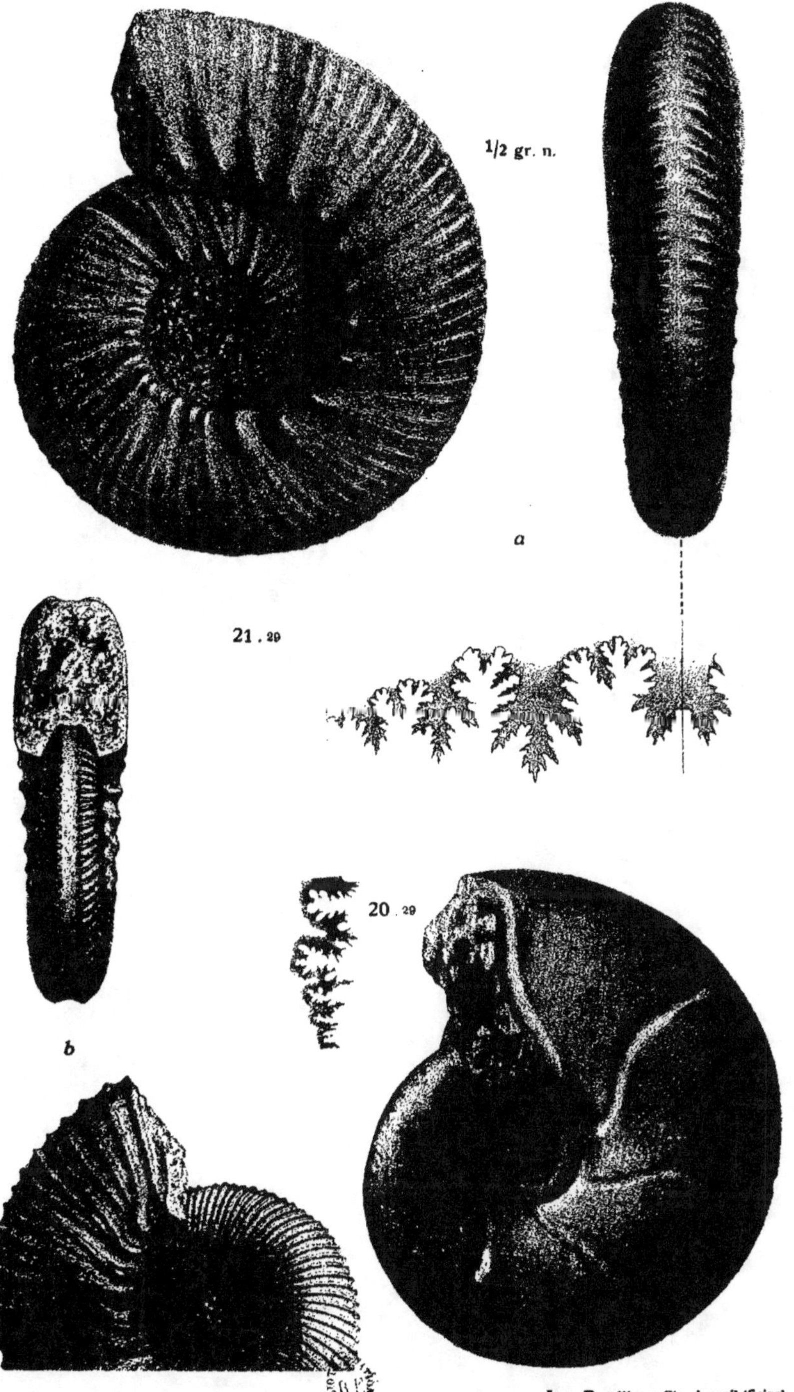

Imp. Tortellier et Cie. Arcueil (Seine)

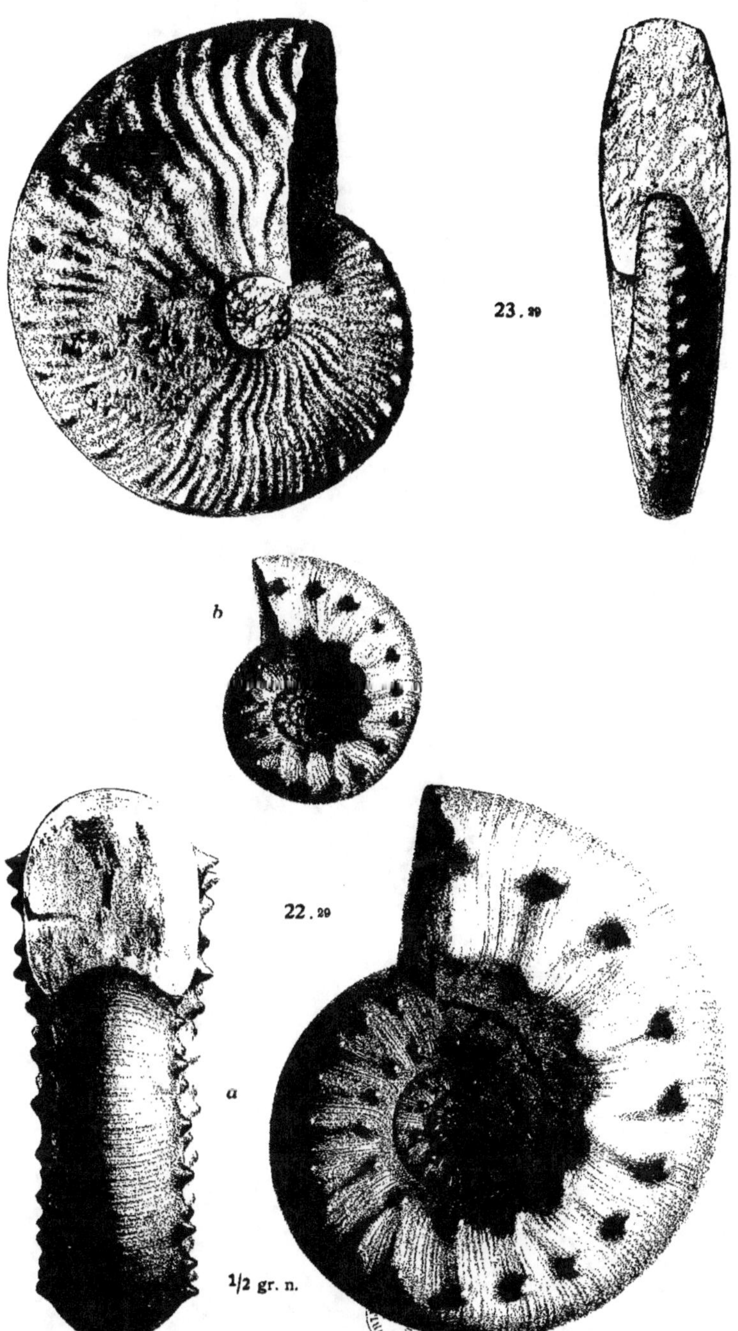

23.
b
22.
a
1/2 gr. n.

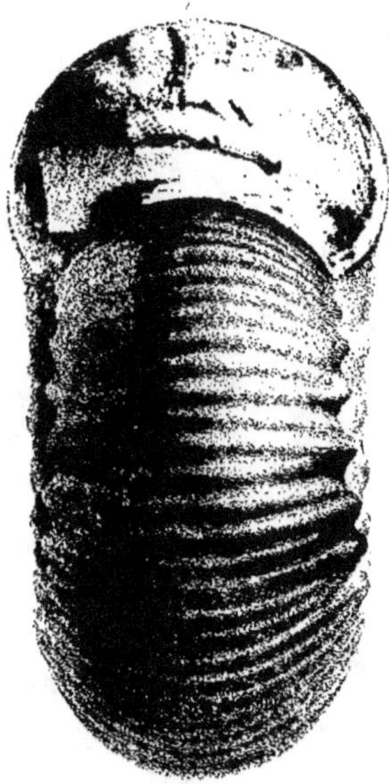
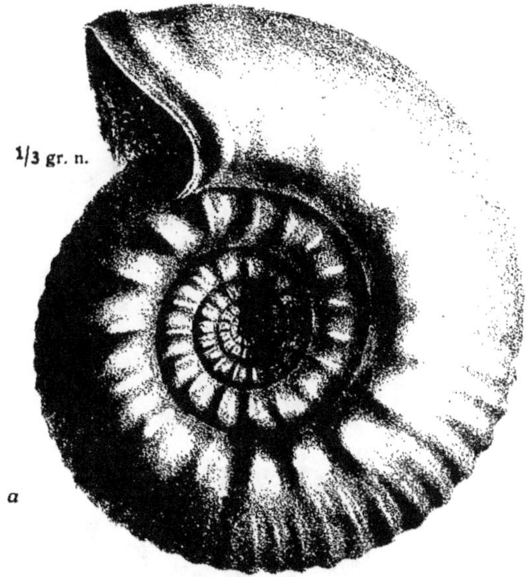

1/3 gr. n.

a

1 . 30

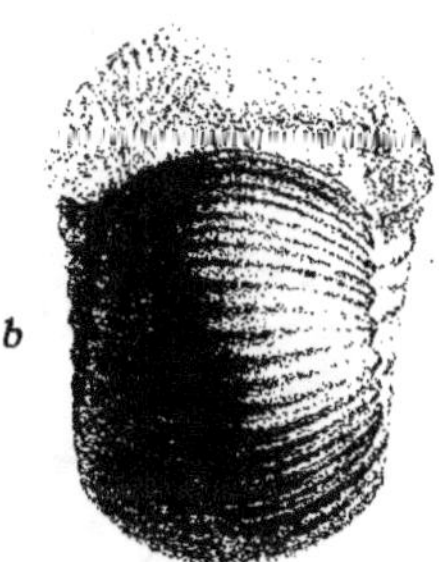
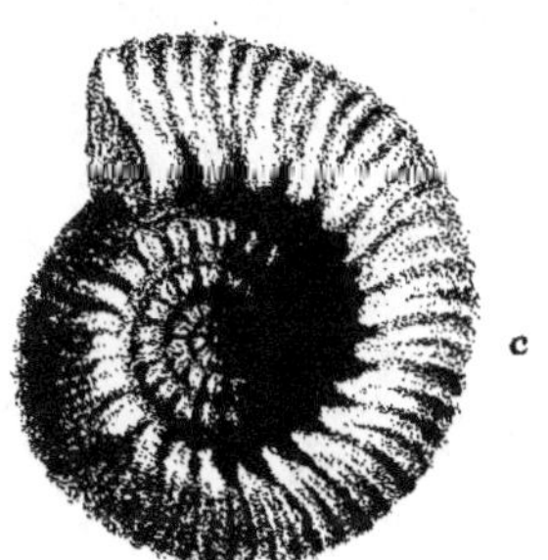

b

c

3 . 30

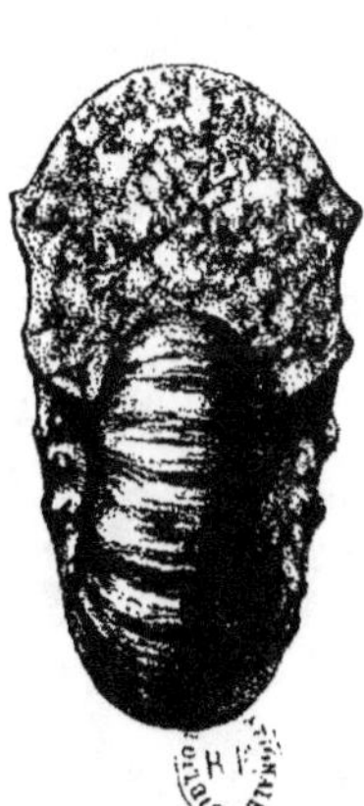
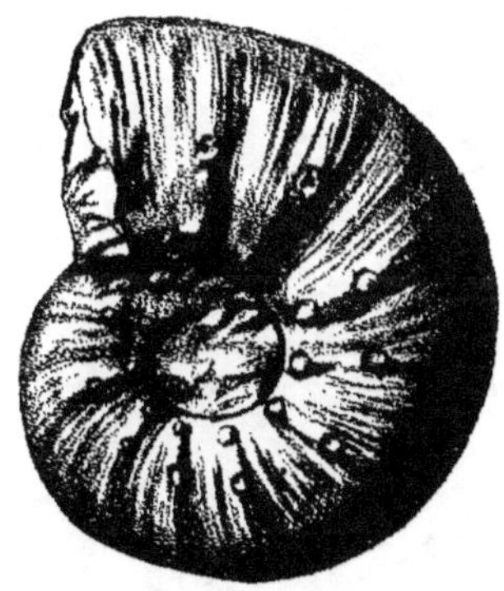

2 . 30

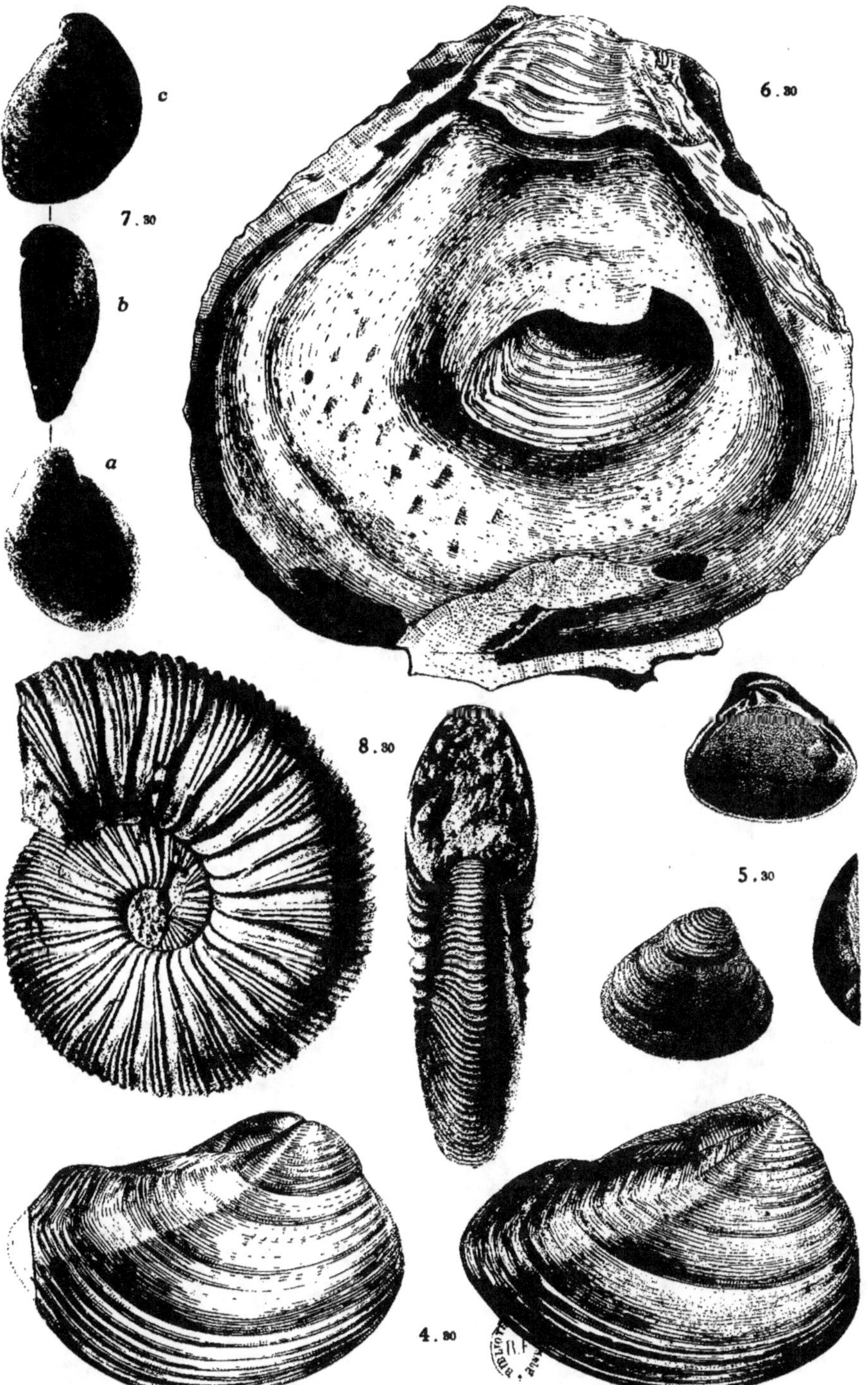

c
7.30
b
a
6.30
8.30
5.30
4.30

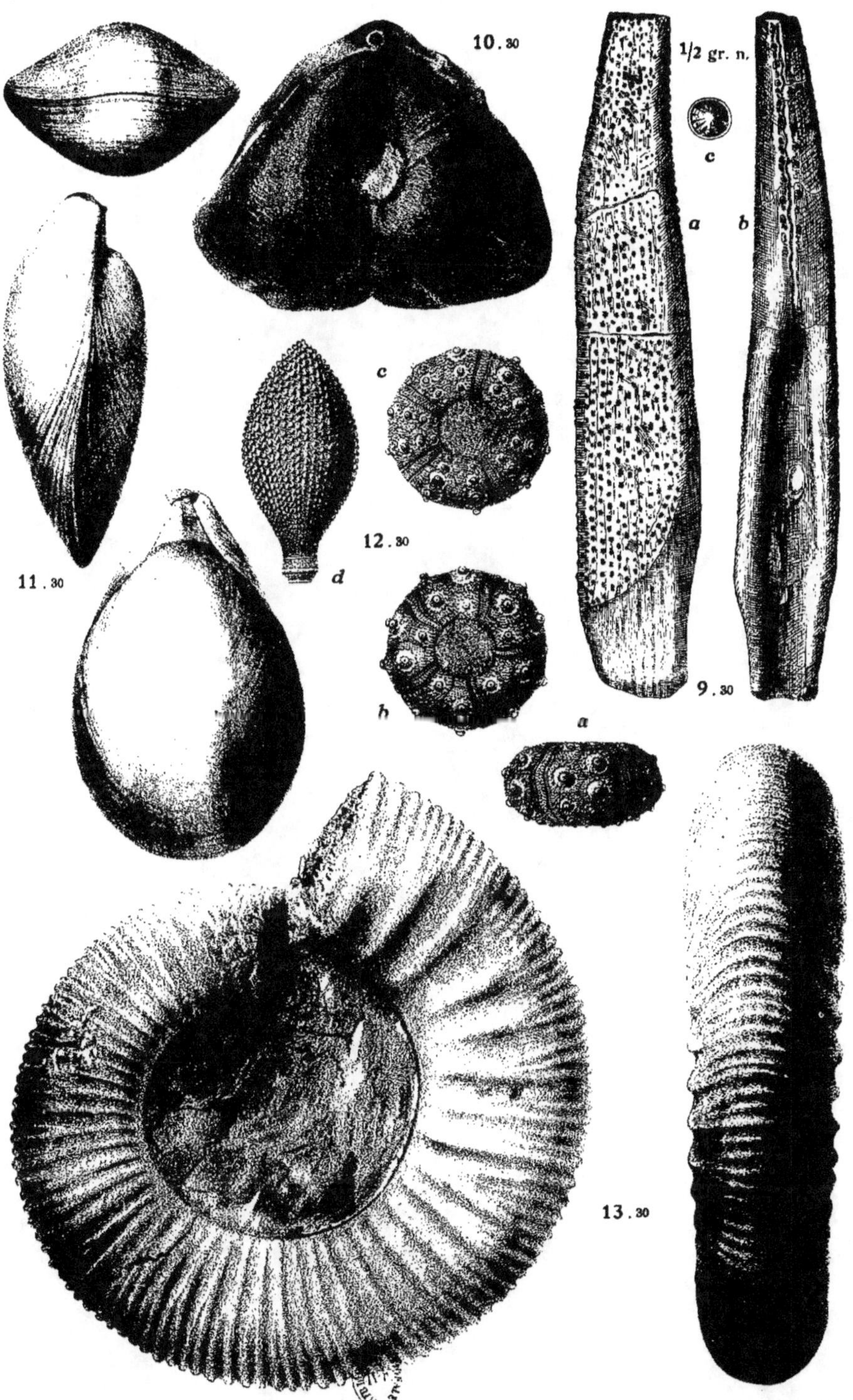

Imp. Tortellier et Cie. Arcueil (Seine)

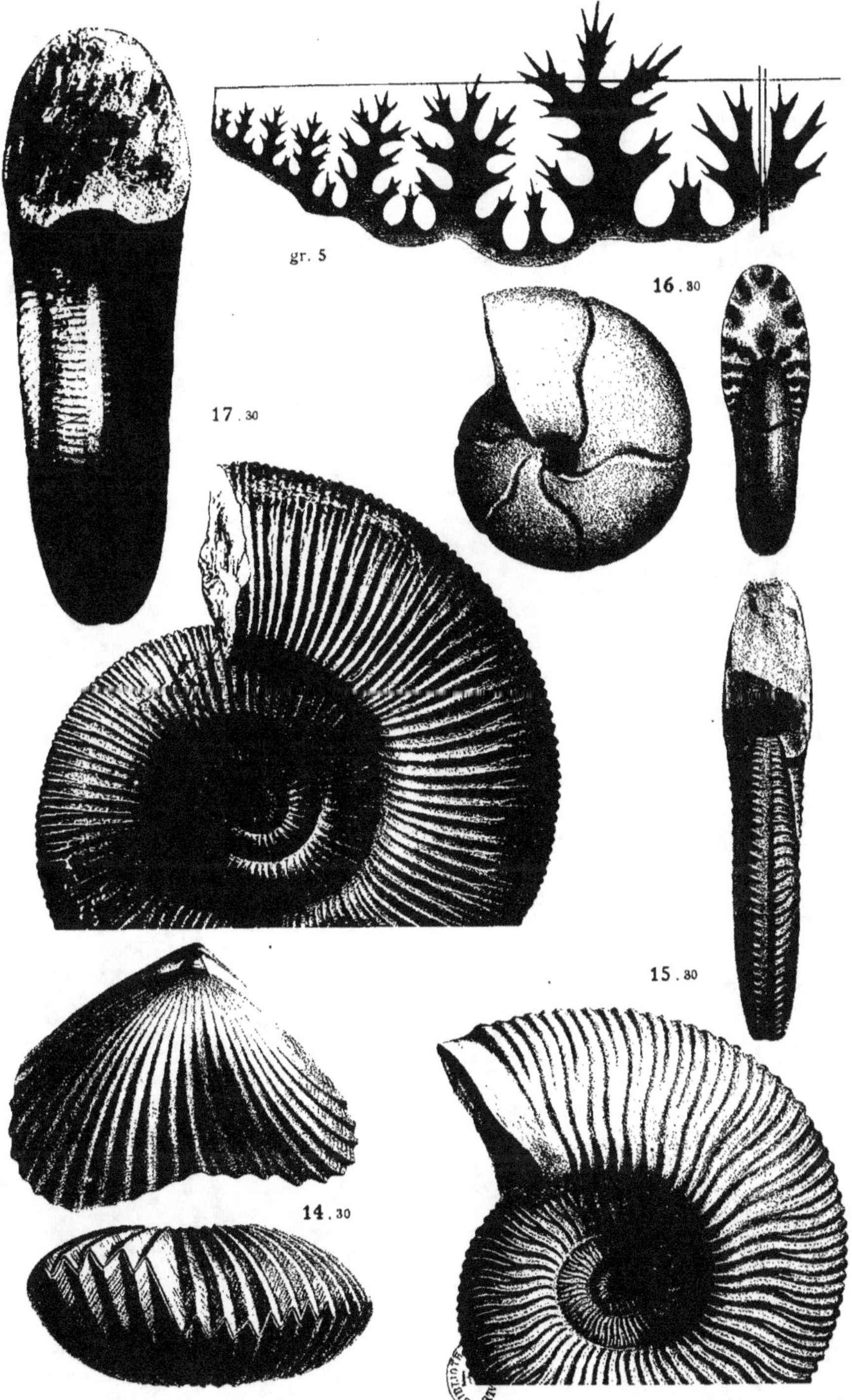

gr. 5
16 . 80
17 . 30
15 . 80
14 . 30

NISE.

Bannissons, cher amant, toute melancholie:
Et rendons mille vœux à l'esprit de Julie.
　　　　FILIDOR vient & dit à Iulie.
Je ne le treuue point ;

IVLIE.

　　　　　　Le voicy de retour ;
Admire Filidor les effets de l'Amour,
Tu promets de m'aymer, cét amant est à Nise,
Mon frere à Celiane a rendu sa franchise,
Elle a par ce bon-heur recouuert sa raison,
Si bien que nostre ioye est sans comparaison.
Et nous voyant vnis par ces trois mariages,
Rien ne peut trauerser la douceur de nos âges.

FILIDOR.

Dieux : quel miracle Amour fait paroistre en ce
　　lieu,
Que ie suis estonné du pouuoir de ce Dieu !
Nous deuons en ces lieux, pour ce triple mystere,
Luy faire autãt d'Autels qu'il en a dans Cythere,
Et rendre sa bonté si celebre aux Neueux.
Que les plus froids vn iour l'importunét de vœux.

FIN.

CRISANTE

TRAGEDIE

DE Mr

DE ROTROV

A PARIS,

Chez Antoine de Sommaville & Toussaint
Qvinet, au Palais, en la Gallerie des Merciers.

M. CD. XL.

AVEC PRIVILEGE DV ROY.

Extraict du Priuilege du Roy.

PAR grace & Priuilege du Roy, donné à Paris le 7. iour de Feurier 1637. Signé par le Roy en son Conseil de Monceaux. Il est permis à ANTOINE DE SOMMAVILLE, Marchand Libraire à Paris, d'imprimer ou faire imprimer, vendre & distribuer vne piece de Theatre, intitulée *Crisante*, durant le temps de neuf ans, à compter du iour qu'elle sera acheuée d'imprimer : Et deffences sont faites à tous Imprimeurs, Libraires, & autres de contrefaire ladite piece, ny en vendre, ou exposer en vente de contrefaite, à peine aux contreuenans de trois mille liures d'amende, & de tous ses despens, dommages & interests, ainsi qu'il est plus au long porté par lesdites lettres, qui sont en vertu du present Extraict, tenuës pour bien & deuëment signifiées, à ce qu'aucun n'en pretende cause d'ignorance.

Et ledit Sommauille a associé auec luy audit Priuilege Toussaint Quinet, aussi Marchand Libraire, suiuant l'accort fait entr'eux.

Acheué d'imprimer pour la premiere fois, le 2.
Decembre mil six cens trente-neuf.